Amazônia, Amazônias

COLEÇÃO
CAMINHOS DA GEOGRAFIA

Amazônia, Amazônias

Carlos Walter P. Gonçalves

Copyright© 2001 Carlos Walter Porto Gonçalves

Todos os direitos desta edição reservados à
Editora Contexto (Editora Pinsky Ltda.)

Preparação de originais
Camila Kintzel

Revisão
Sandra Regina de Souza
Texto & Arte Serviços Editoriais

Projeto de capa
Suzana de Bonis

Diagramação
Fábio Amancio
Texto & Arte Serviços Editoriais

Dados Internacionais de Catalogação na Publicação (CIP)
(Câmara Brasileira do Livro, SP, Brasil)

Gonçalves, Carlos Walter Porto.
Amazônia, Amazônias. Carlos Walter Porto Gonçalves. –
3. ed., 1ª reimpressão. – São Paulo : Contexto, 2024.

Bibliografia
ISBN 978-85-7244-166-7

1. Geografia política 2. Geopolítica 3. Política mundial
4. Relações internacionais I. Título

00-3405   CDD-327.101

Índices para catálogo sistemático:
1. Geopolítica: Relações internacionais:
   Ciência política 327.101
2. Relações de poder: Relações internacionais:
   Ciência política 327.101

2024

EDITORA CONTEXTO
Diretor editorial: *Jaime Pinsky*

Rua Dr. José Elias, 520 – Alto da Lapa
05083-030 – São Paulo – SP
PABX: (11) 3832 5838
contato@editoracontexto.com.br
www.editoracontexto.com.br

Proibida a reprodução total ou parcial.
Os infratores serão processados na forma da lei.

Esse livro é parte de um esforço de uma parte considerável de professores e pesquisadores que procuram romper os muros entre a universidade e a sociedade, sobretudo com os setores "de baixo", como gostava de falar Florestan Fernandes. Procurei oferecer à sociedade o resultado de 22 anos de pesquisas na Amazônia com o privilégio de ter podido contar com a visão de mundo de seringueiros, caboclos, retireiros, pescadores, mulheres quebradeiras de coco de babaçu, populações negras remanescentes de quilombos, gaúchos bem e mal sucedidos, camponeses das mais variadas origens, habitantes das periferias de Manaus, Belém, Laranjal do Jari, Parauapebas, Porto Velho, enfim, com olhares pouco comuns à maior parte dos brasileiros. São os que fazem a Amazônia, ou melhor, as Amazônias. Esse livro é uma construção coletiva de conhecimento não só pelo que encerra mas, também, pelas consequências que produz ao ser lido. Como não podia deixar de ser a esses e a essas amazônidas dedico esse livro.

Há os que foram companheiros e companheiras muito próximos na construção desse conhecimento coletivo e que faço questão de nomear: Carlos Carvalho, Dora Hess, Eduardo Karol, Fátima Melo, Gomercindo Clovis Garcia Rodrigues, Katia Aquino Paz, Mário Menezes, Muriel Saragoussi, Olga Becker, Orlando Valverde, Paulo Kageyama, Paulo Roberto Oliveira, Rosa Roldan e Valéria Azevedo.

Aos meus alunos do curso de Geografia da UFF que leram e releram esse texto e muito contribuíram com suas críticas e perguntas. São, de fato, coautores.

Ao meu editor, Jaime Pinsky, por sua compreensão da importância política e intelectual que envolve hoje o debate sobre a Amazônia e, sobretudo, pelo entendimento do significado que as ilustrações têm para a construção/ desconstrução de imagens.

Um registro muito especial vai aqui para o Bruno, companheiro do dia a dia, que acompanhou cada passo dos argumentos aqui traçados e muito contribuiu para apurar o rumo.

À minha filha, Beatriz, inspiração permanente.

Nada disso teria sentido se toda essa busca no plano da pólis não tivesse a cumplicidade de valores e de amores que nos refaz no cotidiano e que faz a vida valer a pena de ser vivida: à minha mulher Marcia Rodrigues Meschesi Porto Gonçalves.

SUMÁRIO

Apresentação 9

Imagens amazônicas 11

A organização do espaço amazônico:
contradições e conflitos 79

Outras Amazônias: as lutas por direitos
e a emergência política de outros protagonistas 127

Amazônia, Amazônias 163

Apêndice 171

Bibliografia 175

APRESENTAÇÃO

A Amazônia, longe de ser homogênea, é uma região extremamente complexa e diversificada. Contrasta com a visão externa à região, homogeneizadora, que a vê como Natureza, como Floresta, como Atrasada, como Reserva de Recursos, como o Futuro do Brasil, com o presente vivido, em seus diferentes contextos socioculturais específicos por populações que forjaram seu patrimônio de conhecimentos na convivência com os mais diferentes ecossistemas.

A Amazônia é, sobretudo, diversidade. Em um hectare de floresta existem inúmeras espécies que não se repetem, em sua maior parte, no hectare vizinho. Há a Amazônia da várzea e a da terra firme. Há a Amazônia dos rios de água branca e a dos rios de águas pretas. Há a Amazônia dos terrenos movimentados e serranos do Tumucumaque e do Parima, ao norte, e a da serra dos Carajás, no Pará, e há a Amazônia das planícies litorâneas do Pará e do Amapá. Há a Amazônia dos cerrados, a Amazônia dos manguezais e a Amazônia das florestas.

Habitar esses espaços é um desafio à inteligência, à convivência com a diversidade. Esse é o patrimônio que as populações originárias e tradicionais da Amazônia oferecem para o diálogo com outras culturas e saberes. Há um acervo de complexos conhecimentos inscritos em práticas medicinais, em remédios, em domesticação de plantas e animais em meio à floresta; na culinária, em plantas aromáticas e cosméticas, além de uma estética, de complexos códigos para se relacionar com o desconhecido e com o misterioso, por meio de suas cosmogonias e religiosidades em que, quase sempre, por todo lado, tudo se relaciona com tudo, num holismo que vê que a caça e a água fugindo, quando a floresta é queimada e, com isso, vê fugirem seus espíritos.

Há a Amazônia da natureza dessacralizada, pobre de espíritos. Ali o PIB é maior. A força do rio não está mais no fluxo livre. Ele foi barrado. A energia foi capturada e destinada aos complexos minerometalúrgicos com as linhas de transmissão atravessando regiões cujas casas se iluminam com lampiões e velas. Há uma Amazônia que convive, que dialoga, onde caboclo e índio se enriquecem mutuamente, onde o gaúcho, descendente de alemão ou de italiano ou paranaense, descendente de ucraniano, aprende não a derrubar a mata, mas a conviver com ela. E do seringueiro que aprende com o gaúcho, com o catarinense, com o mineiro.

Há uma Amazônia da mata e há uma Amazônia desmatada. Nessa há uma Amazônia do pasto, geralmente do latifúndio, mas também outra, a do camponês que planta. Há uma Amazônia que mata. Há uma Amazônia que resiste, que "r-existe".

Há uma nova imagem da Amazônia que fala do conflito e da violência. Que denuncia o desmatamento e o perigo para o equilíbrio do planeta. Que, normalmente, descontextualiza a Amazônia dos países dos quais ela é parte.

O que queremos aqui é apenas indicar que as populações dessas diferentes Amazônias têm um capital de conhecimentos, não a ser demarcado e isolado de seus países, seja como um museu, seja como uma reserva de natureza ou de cultura. Há um projeto de sociedade que deles emana. Que requer do não amazônida, seja de onde ele for, brasileiro ou não, sobretudo o fim dos pré-conceitos e que se reconheça, definitivamente, que essas populações são portadoras de um acervo de conhecimentos que é o trunfo para o diálogo com o mundo e que deve ser a base de qualquer proposta de desenvolvimento que se queira sustentada pelos diretamente envolvidos e implicados.

Há várias amazônias na Amazônia, muitas delas contraditórias entre si. Há que se optar por aquelas que tornem possível uma vida melhor, não só para os seus habitantes, mas também para o planeta. Poucas são as regiões do mundo que têm esse trunfo. E esse caminho passa necessariamente por incorporar suas populações aos direitos básicos de cidadania, oferecendo-lhes condições de fazer melhor o que já sabem, além, de buscar novos caminhos a partir da experiência acumulada. A Amazônia exige uma visão complexa do meio ambiente que não dissocie ecologia de justiça social, da cidadania.

É essa Amazônia de múltiplas comunidades indígenas, caboclas, ribeirinhas, extrativistas, negras remanescentes de quilombos, de mulheres quebradeiras de coco de babaçu, de migrantes recém-chegados que, tal e qual o migrante de ontem, se vê desaparelhado culturalmente para viver com ecossistemas extremamente delicados e complexos a serem descobertos.

É para des-cobrimento que esse livro foi feito. Não para trazer a verdade da região, mas para contribuir no debate dos amazônidas, termo esse que chega a ferir os ouvidos de tão pouco habituados a considerá-los estamos.

IMAGENS AMAZÔNICAS

...Região Norte, ferida aberta para o progresso
Sugada pelos sulistas e amputada pela consciência nacional...
Vão destruir o Ver-o-Peso
E construir um *shopping center*
Vão derrubar o palacete Pinho
prá fazer um condomínio
coitada da Cidade Velha
Que foi vendida prá Hollywood
Prá ser usada como um albergue
No novo filme do Spielberg
Quem quiser que venha ver
Mas só um de cada vez
Não queremos nossos jacarés tropeçando em vocês
A culpa é da mentalidade criada sobre a região
Por que tanta gente teme?
Norte não é com "m"
Nossos índios não comem ninguém
Agora é só hambúrguer.
Por que ninguém nos leva a sério
Só o nosso minério?
Quem quiser que venha ver
Mas só um de cada vez
Não queremos nossos jacarés tropeçando em vocês.
Aqui a gente toma guaraná
Quando não tem coca-cola
Chega das coisas da terra
Que o que é bom vem lá de fora
Deformados até a alma
Sem cultura e opinião
O nortista só queria fazer parte da nação
Ah! Chega de malfeituras
Ah! Chega de triste rima
Devolvam nossa cultura
Queremos o Norte lá em cima
Por que onde já se viu?
Isso é Belém
Isso é Pará
Isso é Brasil

"Belém-Pará-Brasil", de Edmar Rocha Jr. e Mosaico de Ravena

A imagem que normalmente se tem a respeito da região amazônica é mais uma imagem *sobre* a região do que *da* região. Essa situação decorre da posição geográfico-política a que a região ficou submetida desde os tempos coloniais. Desde os primórdios da sua incorporação à ordem moderna, desencadeada pelo colonialismo, a região tem sido vista mais pela ótica dos colonizadores do que de seus próprios habitantes. Nesse sentido a Amazônia sofre daquelas características típicas de povos/regiões submetidos/as a desígnios outros que não aos dos seus próprios habitantes.

Sua população é vista como primitiva, indolente e preguiçosa e, assim, incapaz de ser portadora de um projeto civilizatório que a redima da situação de subdesenvolvimento à qual se acha secularmente submetida. Mesmo uma outra visão, aparentemente mais generosa, que reconhece a brutal exploração que se estabeleceu sobre as populações da região, ao acentuar o nível de embrutecimento a que foram submetidos os índios e os caboclos, parece indicar que eles não seriam capazes de reverter sua situação de subdesenvolvimento. Estaria a região, de um modo ou de outro, condenada pelo passado.

A Amazônia cumpre um importante papel na imagem que os brasileiros fazem de si próprios e de seu país. Normalmente se diz que o Brasil é o país do futuro. Nessa imagem está subjacente a ideia de que o Brasil é um país de dimensões continentais, portador de imensos recursos naturais que nos garantiriam um futuro promissor. Nessa perspectiva a Amazônia, que corresponde a cerca de 54% do território brasileiro, seria um imenso reservatório de recursos naturais sendo, por isso, vista como o futuro do Brasil.

Ao mesmo tempo, essa imensa região que abriga tão vastos recursos naturais, é vista como um verdadeiro vazio demográfico e, portanto, vulnerável a eventuais pretensões de potências internacionais. Nesse sentido, a região se vê, via de regra, envolvida em debates que giram em torno da complexa questão da soberania nacional.

Nos últimos anos, particularmente a partir dos anos 1960, com a abertura da Rodovia Bernardo Sayão, a Belém-Brasília, e da criação da Superintendência da Zona Franca de Manaus, a Amazônia vem passando por um intenso processo de transformações na organização do seu espaço geográfico. Toda a política a partir de então posta em prática estava embebida nesse imaginário.

O futuro parecia, finalmente, ter chegado à Amazônia. Para isso o Estado brasileiro, então sob regime ditatorial militar, recorreu a empréstimos em bancos privados e multilaterais (BID e BIRD – Banco Interamericano de Desenvolvimento e Banco Mundial), além de grandes corporações transnacionais, renunciou a impostos beneficiando grandes empresas, além de oferecer outros incentivos fiscais aos que procurassem se associar a esse esforço elaborado por gestores territoriais civis e militares, nessa verdadeira missão de incorporar a Amazônia.

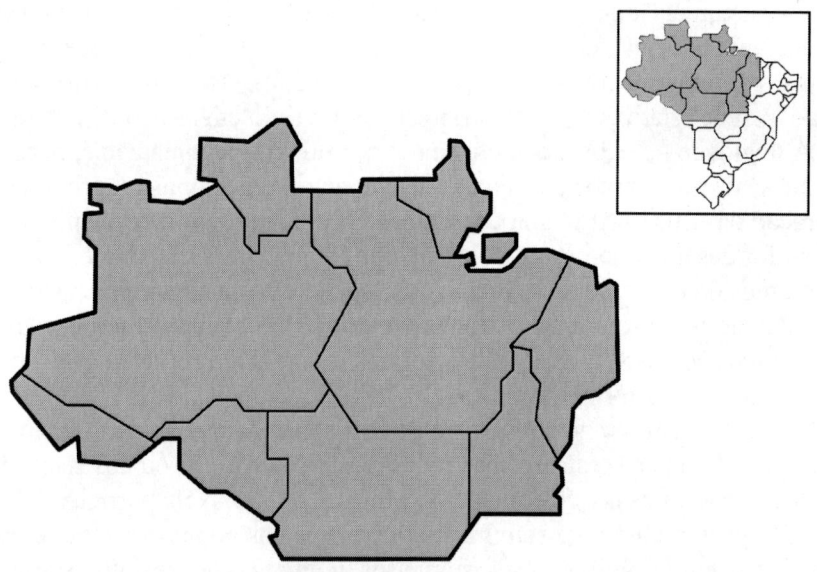

Mapa da Amazônia legal.

Mais uma vez o destino da Amazônia era decidido à revelia de seus habitantes como se fora uma região colonial, vazia de gente (ou de "gente inferior", como pensam os colonialistas) e somente portadora de recursos naturais. Logo a Amazônia se transformou em um cenário de enormes tensões e conflitos onde as antigas imagens que da região se tinha cederam lugar a uma outra de devastação, de exploração, de violência e resistência. É esta imagem que vem ganhando o mundo através não só da imprensa, da ação de organizações não governamentais, de lideranças de movimentos sociais e, também, de trabalhos científicos.

Na verdade a exploração, a violência, a devastação e a resistência não são propriamente fenômenos novos na realidade cotidiana da Amazônia. Ao contrário. O que há de novo é uma configuração que vem se instituindo no contexto da reorganização societária em curso no mundo atual. Esse processo de reorganização societária tem tido o ambientalismo como um dos seus vetores instituintes mais significativos. E é aqui que o debate sobre a Amazônia adquire um novo significado. E, com ele, vemos emergir, como se fora um fenômeno da natureza, os velhos fantasmas que rondam o debate acerca da Amazônia. O debate ecologizado sobre a Amazônia seria uma ingerência externa, uma nova forma de se fazer presente a antiga cobiça internacional sobre a região.

E assim, mais uma vez, tenta-se enquadrar a Amazônia como uma questão de soberania nacional, em que o que menos importa é a sua realidade regional mesma, particularmente das suas populações que, na visão dominante sobre a região, parece estar perdida sob a floresta ou vivendo em estado de natureza.

A novidade no debate que ora se trava sobre a Amazônia não é, portanto, que ele se dê nos marcos dos debates nacionais/internacionais. A própria configuração da Amazônia é uma construção erguida no bojo da ordem mundial que se foi desenhando com o colonialismo, com o imperialismo e, também, nos marcos do processo de reorganização societária em curso que, ao apontar para uma nova escala de organização territorial – o planeta, a terra, o globo, o mundo – põe em xeque as velhas formas de organização territorial, sobretudo o Estado Territorial Moderno.

O que há de novo na construção da imagética do que seja a Amazônia é que, hoje, ela não se restringe aos gabinetes diplomáticos ou aos escritórios das grandes empresas que cobiçam explorar a região. Nela participam hoje, além dos protagonistas de sempre, as lideranças das populações tradicionais da região, como os índios e os seringueiros, lideranças de produtores familiares, lideranças sindicais de trabalhadores, além de outros segmentos das sociedades do Primeiro Mundo, antes também alheios, entre esses destacando-se os ecologistas e lideranças sindicais da Alemanha, Itália, Espanha, Dinamarca e outros países que procuram apoiar as lutas travadas por essas populações amazônidas. De fato, novos agentes participam desse novo debate sobre os destinos da região.

Desse modo tornou-se extremamente complexo o debate em torno da Amazônia. Já não se pode opor simplesmente os brasileiros aos estrangeiros, como um certo tipo de nacionalismo estreito costuma ver o problema. Hoje, podemos encontrar tanto entre brasileiros, amazônidas e não amazônidas, como entre estrangeiros aqueles que têm uma visão mais ambientalista para o futuro da região, como aqueles que querem transformar a região em pastagem ou plantação de soja ou exploração madeireira. Não podemos dizer que são os estrangeiros que querem manter a Amazônia intacta, ecologizando-a, ou que são os brasileiros que querem derrubar a floresta. Tanto lá fora como aqui temos posições comuns sobre os destinos da região, o que, com certeza, torna o debate mais complexo do que o raciocínio maniqueísta que, infelizmente, tem predominado.

De um ponto de vista dos próprios amazônidas, expressão não à toa estranha aos próprios brasileiros, o modelo de desenvolvimento que se tentou implantar foi imposto à região por pessoas estranhas a ela. Entre esses estranhos à Amazônia se incluem, também, brasileiros não amazônidas. Foi com o aval do próprio governo brasileiro à época sob regime ditatorial, usando *slogans* nacionalistas, que mais de seiscentas empresas transnacionais passaram a investir

Na edição de abril de 1991, a revista *Newsweek* repercutia a luta dos seringueiros retratando em sua capa Osmarino Amâncio Rodrigues, um dos principais líderes daquele movimento e companheiro de Chico Mendes. Para quem sempre viveu escondido no meio da mata e sempre foi *invisibilizado* pela ação das elites dominantes regionais e nacionais não poderia ter sido maior a projeção.

maciçamente na região. Foi sob o manto de um discurso nacionalista que, inclusive, dizia "integrar para não entregar", que mais se fez presente o capital estrangeiro na Amazônia. Nunca a Amazônia foi tão internacionalizada!

Na verdade, em torno da Amazônia se trava um interessante debate não só acerca da região, mas sobre o próprio futuro da humanidade e do planeta. E isso num momento em que no próprio Primeiro Mundo, onde o atual modelo de desenvolvimento parecia ter dado certo, ocorrem questionamentos sobre a natureza do seu modelo civilizatório, inclusive pela pressão que exerce sobre os recursos naturais do planeta, pela emissão de gases que aumentam o "efeito estufa" ou destroem a camada de ozônio; pela perda da riqueza de biodiversidade, além de outros efeitos promovidos por um modelo que, visando o lucro, estimula o consumismo. Os Estados Unidos, por exemplo, com uma população que corresponde a 6% da população mundial, consomem 25% da produção anual de combustíveis fósseis. Isso quer dizer que se 24% da população mundial tivesse o *american way of life*, o restante da população mundial (76%) não teria acesso aos combustíveis necessários ao mínimo para a sua sobrevivência. Estamos, desse modo, diante de um modelo que, além de predador, se mostra impossível de ser generalizado para toda a população mundial. Eis uma tese sobre a qual nos vemos todos concitados, cada vez mais, a refletir: *O modelo civilizatório hoje hegemônico só pode sobreviver se for para poucos!*

Nesse debate a Amazônia é vista por muitos como sendo a "última fronteira", onde ainda parece existir uma natureza intocada. É como se ela fosse o reino de uma natureza virgem, sem cultura. Onde ainda existiria uma espécie de "bom selvagem", que não teria cometido o pecado original da civilização. Não resta dúvida de que essa imagem está na cabeça de muita gente, muitas vezes estimulada por uma "indústria" do turismo que vive de vender imagens idealizadas.

Parece claro que, além dos interesses que movem muitas empresas de explorar os recursos naturais reais e imaginários da Amazônia, existe, também, um certo sentimento de culpa de vastos segmentos das populações do Primeiro Mundo, pela devastação e pelo genocídio cometidos por seu colonialismo/imperialismo. Para esses a Amazônia deveria se manter como uma espécie de santuário, preservado dos males da civilização, revestindo-se, assim, de uma ideologia ecológica conservadora.

Ocorre que, para além dessa visão idealizada e ideologizada, existe uma outra visão da realidade amazônica vivenciada por suas populações, que longe está desse retrato de "bom selvagem". É uma realidade dura de miséria e violência e que desafia essa ecologia conservadora a pensar a questão social junto com a questão ecológica. Há milhões de famílias de trabalhadores rurais; as diferentes culturas dos povos da floresta; centenas de milhares de garimpeiros; milhões de habitantes nas suas cidades, onde hoje está a maior parte dos amazônidas, que precisam ser alimentados. Há vários e poderosos interesses em disputa por seu subsolo, pela sua enorme riqueza em biodiversidade, por sua riqueza em metros cúbicos de madeira ou megawatts de energia.

Sendo assim, é possível vermos que há diferentes amazônias. Há um debate e um embate, simbólico-material, que reconstrói o significado de Amazônia. *Não há uma Amazônia, mas várias.* Não há, consequentemente, *uma* visão verdadeira do que seja a Amazônia. A verdade do colonizador não é a mesma que a do colonizado; a verdade do minerador, do fazendeiro-pecuarista ou do madeireiro não é a mesma dos índios, dos caboclos ribeirinhos e/ou extrativistas ou dos produtores familiares; a verdade dos militares ou a das grandes empresas estatais, nacionais e internacionais não é a mesma necessariamente dos garimpeiros, seringueiros, castanheiros, açaizeiros, balateiros, retireiros ou dos trabalhadores rurais agroextrativistas.

Assim, quando se fala de Amazônia é preciso estar atento para sabermos de que amazônia estamos falando, tendo em conta que os diferentes agentes que atuam na região, ou por ela se interessam, tentam propor/impor a *sua* visão do que seja a verdade da região como sendo *a* verdade da região. Esse jogo de verdades é parte do jogo de poder que se trava na e sobre ela.

E foi exatamente no bojo desse jogo de poder que emergiu uma voz que revolucionou o debate acerca do modelo de desenvolvimento e juntou essas duas questões, isto é, a ecologia e a justiça social. Este é o principal legado dos seringueiros e dos povos da floresta, por meio de seu líder-maior Chico Mendes (1944-1988). É verdade que a Amazônia não pode ser lida exclusivamente pelo olhar de Chico Mendes ou dos povos da floresta, como já salientamos. No entanto, o que se destaca na visão de Chico Mendes não é, simplesmente, sua defesa dos povos da floresta, mas sim sua visão radicalmente inovadora e complexa, que nos desafia a não dissociar o destino dado à natureza dos destinos a serem dados aos homens. É nesse sentido, mais profundo, de busca de novos caminhos para a humanidade e seu *oikos*, que a Amazônia se inscreve como um tema de interesse para cidadãos de todo o planeta. E é com essa perspectiva que nos debruçaremos no estudo das suas particularidades.

A INVENÇÃO DA AMAZÔNIA

Aparentemente é fácil caracterizar uma região. À Amazônia, por exemplo, está associada a imagem de uma área de aproximadamente 7,5 milhões de km^2, localizada na porção centro-oriental da América do Sul, cortada pelo Equador terrestre, com um clima quente e úmido, coberta por uma densa floresta tropical úmida, banhada por uma intrincada e extensa bacia hidrográfica que tem o rio Solimões-Amazonas como eixo principal, habitada por uma população rarefeita constituída basicamente por populações indígenas ou caboclas e que abriga riquezas naturais incalculáveis.

Essa imagem está praticamente consagrada na literatura seja ela didática, científica, artística seja pelos meios de comunicação de massas. Em torno desse espaço assim caracterizado tem sido travado um intenso debate no qual têm se envolvido não só as populações dos países que exercem soberania sobre a região, como as de todo o mundo.

Esse verdadeiro consenso que existe a respeito do que seja a Amazônia é, na verdade, uma imagem que foi contraditoriamente construída ao longo da História. É, na verdade, mais uma imagem *sobre* a região do que *da* região.

Por exemplo, os 6.800.000 habitantes que viviam na região quando da chegada dos primeiros colonizadores não se autoidentificavam como amazônidas. Mesmo hoje "Amazônia" é um termo que recobre significados distintos para os seus próprios habitantes e para os não amazônidas.

Para os de fora, a imagem que se tem da Amazônia é mais homogênea e corresponde, mais ou menos, ao quadro traçado acima. Para os habitantes da própria região, a "Amazônia" é um termo vago, que adquire múltiplos significados correspondentes aos mais diferentes contextos socioecológico-culturais específicos que são os espaços do seu cotidiano. Assim, enquanto para uns – os de fora, "Amazônia" aparece no singular, para outros, isto é, para os que nela moram – ela é plural e multifacetada.

Os limites territoriais do que seja a Amazônia, traçado pelos cientistas, correspondem à área de abrangência da *Hevea*, na qual se destaca entre outras a espécie *brasiliensis*, a seringueira que fornece o látex de melhor qualidade. Observe-se aqui que, mesmo sendo esses limites demarcados com o rigor científico, a espécie que foi tomada como referencial foi aquela em torno da qual se deu o mais importante surto econômico da região, o chamado "ciclo da borracha". Sendo assim, com esse critério, a Amazônia é marcada com critérios dos "de fora" e os amazônidas seriam, por consequência, os que estão abrangidos por esses limites. Nessa perspectiva não têm identidade própria, são identificados como decorrência de um recorte, enfim, são *uma consequência* de uma identificação efetuada por outrem.

À relativa tranquilidade com que se traçaram os limites territoriais da *Hevea*, fundamental para os que queriam explorar a borracha, correspondeu uma realidade dramática para as populações originárias daquelas plagas, que viram levas de migrantes invadirem suas terras, naquele contexto apropriada por razões decididas em terras distantes, a partir de descobertas científicas – a vulcanização da borracha (1839). Diga-se de passagem, que essas descobertas científicas foram efetuadas a partir do conhecimento indígena sobre a goma elástica e ensejaram novos caminhos para a revolução industrial e para a acumulação de capital. Os indígenas já manipulavam a goma elástica para múltiplas atividades, sendo que já nos anos de 1820 eram exportados para os Estados Unidos milhões de pares de sapatos de borracha, conforme nos informa o jurista e economista paraense Roberto Santos.

Desse modo, a identificação de uma determinada porção do território num mapa como uma região não é tão ingênua ou tão simples como pode parecer à primeira vista e quanto sugerem os livros didáticos de Geografia. Uma região é, sempre, uma complexa construção política. Embora não tenham sido os habitantes dessa porção territorial que desencadearam essa identidade de Amazônia eles, na verdade, contribuíram para conformá-la, a partir das relações a que se viram obrigados a travar com aqueles, muitas vezes contra aqueles, que tentavam se apropriar de seus territórios. Afinal, os diversos povos que já habitavam há milhares de anos essa vasta porção territorial que se convencionou chamar de Amazônia, plasmaram ao longo do tempo diferentes territórios onde desenvolveram múltiplas culturas. Não tinham, em virtude disso, uma identidade única. Para os colonizadores, sim, eram *nativos*, eram *índios*, eram *aborígenes* expressões que, desse modo, os integrava numa única categoria. Eles eram, na verdade, *não brancos*, uma primeira maneira de *não ser*. Mais uma vez uma identidade atribuída por outrem e com a qual, quase sempre contra a qual, terão que se haver, reinventando suas identidades culturais/territoriais nesse novo contexto.

Se para os colonizadores a Amazônia se constituía numa região com características específicas, conforme veremos, o mesmo não pode ser dito para as suas populações originárias. No caso da Amazônia brasileira o momento em que podemos captar a emergência do que seja uma Amazônia, já como resultado dessa teia contraditória que foi sendo tecida historicamente, foi durante a Revolução dos Cabanos, mais conhecida como Cabanagem, e que reuniu índios, negros e brancos entre 1835 e 1839, em luta contra a opressão a que se achavam submetidos e que chegou a assumir um caráter separatista, o *Paiz do Amazonas*, em relação ao Estado brasileiro. Nesse momento, sim, emergiu o embrião de uma identidade coletiva, na qual os "de baixo" se articularam em torno de algo em comum, em contraste com a identidade colonial ainda reinante entre os luso-brasileiros que continuaram dominando politicamente a região, mesmo após a *adesão*, em 1823, da Amazônia ao Brasil que se tornara independente um ano antes.

O massacre desse movimento, do qual as desencontradas estatísticas chegam a falar de 30 mil mortos entre os cabanos e 12 mil entre os que os combatiam, fez com que se silenciasse a visão desses amazônidas a respeito de si próprios, de sua região e dos outros. Diga-se de passagem que uma das razões que motivaram a adesão da Amazônia ao Brasil, em 1823, fora o temor dos fazendeiros e comerciantes luso-amazônidas de que a Revolução Liberal que ocorrera em Portugal (1820), a quem permaneciam ligados, abolisse a escravatura. Assim, o que proporcionou ao Brasil se tornar senhor daquelas terras e um dos maiores países em extensão territorial do planeta foi manter sua população sob regime escravo.

O jornalista paraense Lúcio Flávio Pinto parece reviver, ainda hoje, essa tradição de cabano quando afirma "que o maior problema da Amazônia é que o país mais próximo é o Brasil. E, o pior, é que fala a mesma língua". A frase somente a princípio é enigmática. O jornalista amazônida procura chamar a atenção para o fato de o Brasil, sobretudo o Brasil não amazônida, continua a ter uma visão sobre a região como se ela fosse uma colônia, cuja importância se deve às riquezas naturais que podem ser exploradas (pelo colonizador).

19

Nesse sentido, o Brasil "fala a mesma língua" do colonizador. Ao mesmo tempo, sua afirmação sugere, ainda, que o fato de se falar a mesma língua, no caso o português, tem nos impedido de perceber as particularidades da região, seu modo de ser próprio, sua diferença, sua originalidade.

Por tudo que foi exposto até aqui é preciso estar atento ao significado que se quer emprestar a *Amazônia*. Há múltiplos significados que se escondem por trás desse termo no singular. Por isso preferimos dizer *Amazônia, amazônias*. Enfim, há uma unidade na diversidade.

A AMAZÔNIA COMO NATUREZA IMAGINÁRIA

A imagem mais comum do que seja a Amazônia é a de que se trata de uma imensa extensão de terras, onde o principal elemento de identificação é uma natureza pujante, praticamente indomável, que a história nos legou intocada. A região nos lembraria aquele casal de camponeses, descrito pelo dramaturgo alemão Goethe, descoberto escondido em meio a uma paisagem marcada por um intenso processo de modernização que, depois de terraplenar terrenos, retilinizar cursos de rios, secar pântanos, derrubar as matas, enfim, geometrizar as paisagens em nome do progresso dominando a natureza, contra um mundo atrasado e tradicional, nos colocaria diante da questão: o que é o progresso e o desenvolvimento depois que acabar o último casal de camponeses que lhe servia de referencial do atraso que deveria ser superado?

A visão que se tem da Amazônia é, nesse sentido, o outro lado da cultura, a natureza; o outro lado da modernidade, o tradicional. E sabemos como a cultura dominante ocidental construiu pares de classificação da realidade, como esse entre natureza e cultura, em que o primeiro termo é um objeto passivo a ser dominado e o segundo termo é o sujeito ativo.

Sabemos como no imaginário ocidental a cultura é sinônimo de sair do estado de natureza e como os diferentes povos são classificados em mais ou menos desenvolvidos em função de um grau maior ou menor de dominação da natureza. Aqui a tecnologia é tomada como parâmetro desse grau de desenvolvimento dos povos e regiões. Ora, sabemos que mesmo a sociedade europeia não tomava a tecnologia como seu principal parâmetro histórico, pelo menos até o surgimento do capitalismo e sua revolução industrial. No entanto, como foram esses referenciais que acabaram sendo impostos pelos europeus ao resto do mundo, as regiões que, por circunstâncias históricas, ficaram à margem desse processo de desenvolvimento são vistas como lugares caracterizados como natureza, tradicionais e atrasados. Nesse sentido, as próprias populações dessa região passam a ser vistas dessa forma, como selvagens que, rigorosamente falando, significa serem da selva, isto é, da natureza.

Mesmo as populações não indígenas, em virtude de não manipularem um aparato tecnológico sofisticado como o das populações das regiões desenvolvidas, são tomadas, por isso, como atrasadas e tradicionais, vivendo muito próximas da natureza. Dessa caracterização decorrem duas visões que precisam ser vistas com cuidado: a primeira, até aqui dominante, de que, sendo a região assim caracterizada, ela precisa ser desenvolvida o que, de certa forma, significa ser *des-envolvida*, isto é, que seja quebrado o seu envolvimento para que ela se abra ao mundo, incorporando os padrões de progresso, de modernidade. Assim, des-envolver significa tirar daqueles que são do lugar o poder de decidir sobre o seu destino. Significa, enfim, deslocar. E esse desenvolvimento terá que vir de fora, de algum agente externo civilizador, já que essas populações não se mostraram capazes de sair do estado de natureza e/ou do atraso.

Não resta dúvida de que aqui nos encontramos diante de uma perspectiva que vê o mundo a partir de um determinado padrão sociocultural, o europeu e norte-americano, padrão esse que se quer universal e, por isso, extensivo a todos os recantos e povos do planeta, que se acha superior e, por essa razão, autorizado a se impor em todo canto. Não nos enganemos, no entanto, quando dizemos padrão sociocultural europeu ou norte-americano, como se fossem referências geográficas que nos são exteriores, posto que os brasileiros são parte dessa visão que, também, nos conformou. Superar o estado de natureza em que se encontra a Amazônia não é uma pretensão somente de europeus e norte-americanos, mas também de brasileiros e, mesmo, de brasileiros amazônidas.

Uma segunda visão, que cresce sobretudo nos últimos anos com o debate ecológico, vê essa condição de populações vivendo mais próximas da natureza como "ecologicamente corretas" e que, por isso, devem ser mantidas no seu contexto socioecológico-cultural. É um pouco a atualização do velho mito do "bom selvagem", daquele que, exatamente por ter permanecido no estado de natureza, não teria cometido o "pecado original" da civilização. Se para aqueles a natureza era algo a ser dominado e suprimido pela cultura, agora a natureza é vista como algo a ser preservado. Se para aqueles a natureza é uma fonte ilimitada de recursos, agora chega-se a falar, como o faz o Massachussets Institute of Technology (MIT), que há limites para o crescimento. Se antes os deuses haviam sido expulsos da natureza para que, afinal, ela pudesse ser devidamente dominada, agora ela passa a ser sacralizada. Daí o valor simbólico que a Amazônia passa a ter, sendo vista por alguns como um santuário, algo que não deve ser profanado.

Queremos destacar, no entanto, que essa visão da região como natureza imaginária tem impedido que a consideremos, e as suas populações, nas suas dimensões reais. Podemos mesmo dizer que essa visão externa é, em grande medida, parte dos problemas com que se defronta a Amazônia. Afinal, tanto as populações descendentes dos primeiros habitantes da Amazônia, como daqueles oriundos dos colonizadores já vivendo na região há alguns séculos, assim como os nordestinos que para a região migraram no último século e meio, desenvolveram todo um saber, todo um conhecimento na sua convivência com os ecossistemas amazônicos que, sem dúvida, constitui um enorme acervo cultural, importantíssimo como base para qualquer processo de desenvolvimento que queira se fazer num espaço que, em grande parte, é mais misterioso para os de fora do que para os que nele vivem.

Só para indicar com um critério que, em si mesmo pode ser questionado, aliás, como qualquer outro que se queira tomar isoladamente, é possível encontrar-se em diversas sorveterias de Belém um cardápio de mais de 120 tipos diferentes de sabores de sorvetes de frutos regionais, desse modo tão ou mais variadas do que as mais ricas sorveterias dos lugares mais sofisticados do mundo. Como não existe sabor (*saveur*) que não derive de um saber (*savoir*), podemos dizer que nessas sorveterias se materializa a sofisticada diversidade sociocultural e ecológica da Amazônia, das amazônias. Enfim, a Amazônia não é uma natureza vazia de cultura, como se faz crer.

É interessante observar que essas duas visões da Amazônia como natureza imaginária, que em grande parte enquadra o debate sobre a região, pode ser encontrada em diferentes segmentos sociais tanto no Brasil, mesmo entre os amazônidas, como no mundo. Em Manaus, por exemplo, cidade que passou por um intenso processo de transformações, impregnado da primeira visão, de que é necessário levar de fora o progresso e o desenvolvimento, o que foi feito com a implantação da Superintendência da Zona Franca de Manaus em 1966, é uma cidade onde, apesar dos esforços de lideranças de movimentos sociais e de vários cientistas alertando para as contradições do modelo que vem sendo imposto à região, esse mesmo modelo encontra muitos adeptos que ainda veem as populações originárias da região e a floresta como expressões do atraso e do subdesenvolvimento.

Não é o patrimônio de conhecimentos das populações que tradicionalmente habitam a região que tem sido tomado como referencial. Se assim o fosse a cultura não estaria de um lado e a natureza de outro. O que essas populações originárias da Amazônia nos legaram foi um enorme acervo de conhecimentos e um enorme patrimônio de biodiversidade que, no contexto da nova revolução tecnológica em curso, sobretudo através da biotecnologia, permite a elas estabelecer um diálogo com a sociedade moderna a partir de suas próprias matrizes culturais.

Num momento como esse que vivemos, sobretudo desde os anos sessenta, em que o "mal-estar da civilização" começa a deixar de ser uma expressão de filósofos ou psicanalistas para ganhar as ruas, com a crítica ao consumismoprodutivismo, com a contracultura, com as revoluções culturais, a Amazônia passa a ocupar um lugar especial no imaginário do mundo ocidental. O que será da cultura, da civilização, se acabarmos com a Amazônia, esse último casal de camponeses? A Amazônia como "natureza imaginária" se coloca, assim, como um lugar estratégico para se discutir o futuro da humanidade, o próprio sentido da vida, da história, do futuro.

E, pela primeira vez, a voz dos que habitam a floresta, os índios e os caboclos, ganha o mundo com a velocidade do tempo real, por meio de redes telemáticas. A violência, o genocídio, a devastação que sempre acompanharam o processo de modernização agora se fazem presentes também pela voz dos que a ele resistem. A modernidade não consegue conviver com a modernização.

A AMAZÔNIA COMO REGIÃO PERIFÉRICA

Salientamos que a visão dominante que se tem do que seja a Amazônia é mais uma visão *sobre* a região do que *da* região. Essa característica decorre do fato de que, na formação histórica do território brasileiro, os diferentes blocos regionais de poder, como nos ensina Antônio Gramsci em sua excelente análise para a Itália que aqui nos serviu de inspiração, não se fizeram igualmente presentes na conformação do pacto que ensejou a constituição do poder nacional. Podemos dizer que o bloco da região Sudeste e o da região Nordeste foram aqueles que historicamente conseguiram se firmar de modo mais incisivo na constituição desse poder nacional. Podemos ver isso até hoje nas composições políticas de chapas candidatas às eleições presidenciais, em que o candidato à Presidência da República é da região Sudeste e o candidato a vice-presidente é da região Nordeste. Pelo menos esse é o pacto tradicional entre os "de cima". Nesse sentido o debate acerca da Amazônia passa a ser visto mais pela ótica do que os outros pensam *sobre* a Amazônia do que a partir do que os amazônidas pensam de si mesmos, do Brasil e do mundo. A Amazônia é, assim, uma região periférica, marginal no contexto nacional. Os intelectuais e pesquisadores da Amazônia sabem o quanto é difícil se afirmarem no cenário nacional a partir desse lugar marginal no qual a região é lida e colocada.

Essa posição geográfico-política da Amazônia veio, na verdade, sendo tecida desde os tempos coloniais. Decorre, em parte, da situação ambígua das principais potências coloniais à época dos grandes descobrimentos. Portugal e Espanha dividiram o mundo entre si pelo Tratado de Tordesilhas, mas não dispunham de condições materiais, nem mesmo demográficas, para efetivar a ocupação e colonização de todo o vasto império territorial que conquistaram.

Como o móvel da expansão colonial era ganhar dinheiro por meio do mercantilismo, atividades como a busca de metais preciosos ou de produtos de alto valor comercial por unidade de peso, a exploração da cana-de-açúcar no litoral do Nordeste brasileiro e nas Antilhas e América Central e a exploração de ouro e prata nos Altiplanos Andinos e também na América Central absorveram grande parte das energias daquelas potências coloniais. Neste contexto, a Amazônia acabou por se caracterizar no imaginário dos colonizadores como uma região de enorme potencial em recursos naturais que, no entanto, não se apresentava como imediatamente disponível para a exploração mercantil-colonial.

Decorrem daí determinadas visões até hoje presentes no debate acerca da Amazônia: uma que vê a região como uma imensa reserva futura de recursos naturais e outra que vê a região sempre aparecer como que indomável e que exatamente por ser dotada de tamanhos recursos parece escapar à nossa capacidade efetiva de exploração.

Há, nesse sentido, um certo sentimento de impotência diante de recursos em tais proporções. Sem subestimar as dificuldades reais que os colonizadores se defrontaram diante de uma natureza para eles desconhecida, não podemos deixar de reconhecer que o exagero das dificuldades dessas condições revela também aquela incapacidade efetiva dos colonizadores encetarem a exploração de todo o seu vasto império colonial e as opções que se obrigaram a fazer nas diferentes circunstâncias históricas, privilegiando outras áreas em detrimento da Amazônia.

Esse fato deve ser visto ainda em perspectiva histórica em que tanto Portugal como Espanha, potências absolutas nos séculos XV e XVI, viram sua hegemonia ultrapassada por novas potências que emergiam no cenário mundial, como França, Inglaterra e Holanda, a partir do século XVII em diante. Tanto isso é verdade que o mapa da Amazônia consagra a presença dessas potências nas antigas Guianas.

Portugal e Espanha se viam assim sempre ameaçados de perder sua hegemonia territorial sobre a Amazônia que, como vimos, era acentuada pela presença débil de uma sociedade colonial enraizada na região. Essa delicada posição de potências que viam sua hegemonia ultrapassada levou a que, tanto Portugal como Espanha, inserissem a Amazônia no complexo jogo político e diplomático europeu, a fim de garantir seus respectivos domínios territoriais. Assim, uma outra disputa pela hegemonia mundial, entre Inglaterra e França, se fez presente na Amazônia, seja por meio de incursões das novas potências que pretendiam invadir a região, seja pelo jogo diplomático no qual a Inglaterra, ao procurar apoiar os pleitos portugueses sobre a região tentava, ao mesmo tempo, diminuir a possível influência que a França pudesse estabelecer pela Espanha. Assim, Portugal procurava se manter na região com o apoio inglês e a Espanha com apoio francês.

A Amazônia serviu assim como um importante trunfo do jogo diplomático entre potências colonizadoras que, ao mesmo tempo, revelavam com esse jogo sua incapacidade efetiva de fazer por si mesmas a colonização da região. Como justificar para suas populações os enormes gastos para manter um domínio territorial sobre aquela área a não ser exagerando o enorme potencial futuro que a região encerraria? Eis um dos estigmas que marcará o debate acerca da Amazônia. Assim a Amazônia nunca é o presente, mas sempre o futuro que será redimido pelos seus recursos imensos reais e imaginários. Assim a Amazônia nunca *é*; é sempre o *vir a ser*. E esse *vir a ser* nunca é o *vir a ser* das suas populações que, na região, constroem no seu dia a dia suas vidas, suas histórias, seus espaços, suas culturas. Ao contrário, é o *vir a ser* daqueles que veem a região pelo seu potencial de exploração futura. É, na verdade, uma reserva de recursos.

Os próprios desbravadores são colonizadores de uma metrópole que, por sua vez, depende de potências mais fortes. Daí deriva uma Amazônia periférica, na qual a própria sociedade colonial ali estabelecida é débil e, portanto, incapaz de se inserir com força suficiente nos novos Estados que se configurariam com o fim do período colonial.

A Amazônia será sempre vista nos novos Estados independentes com um peso político marginal nos blocos de poder nacional e, portanto, sem voz própria. É uma região periférica de países periféricos. Em outras palavras, é uma região subordinada na hierarquia de poder no interior dos seus próprios países. Ela é sempre vista a partir dos interesses nacionais e estes são definidos nos centros hegemônicos do poder nacional.

A AMAZÔNIA COMO QUESTÃO NACIONAL

A delicada posição das metrópoles coloniais em face da região foi transferida aos novos Estados que surgiram com o fim do jugo colonial. Portugal, por exemplo, havia criado uma administração territorial específica para dar conta da Amazônia. Desde o fim da União Ibérica (1580 a 1640) que Portugal e Espanha se viram pelejando em complicados jogos diplomáticos, em que a cartografia era um importante instrumento político para definir os novos limites territoriais de cada um.

Afinal, os portugueses haviam ampliado sua presença religiosa e militar para muito além do que havia sido estabelecido pelo Tratado de Tordesilhas que lhe garantia, em termos amazônicos, somente uma faixa estreita de terras a leste de Belém. A cartografia oficial portuguesa foi capaz de colocar Cuiabá no mesmo meridiano de Belém para justificar seu domínio territorial. Tratava-se, agora, de consolidar a hegemonia territorial nesses novos espaços ocupados, a oeste do meridiano de Tordesilhas, durante a vigência da União das Coroas de Portugal e Espanha.

A Amazônia se viu assim como uma importante região do ponto de vista estratégico para Portugal. Desse modo a região se revestirá de uma ambiguidade: de um lado, é uma região de presença social relativamente débil e economicamente secundária para o Império Colonial português; de outro lado, é uma região politicamente importante pelo potencial que encerraria para o futuro da metrópole. Assim a Amazônia se mantém pela habilidade da diplomacia portuguesa em jogar, nas diferentes circunstâncias históricas, com as diversas configurações do jogo político internacional, e cujos recursos imaginários estão dimensionados pelo próprio desconhecimento que os colonizadores têm da região.

Portugal se mostra como importante aliado inglês, evitando a presença francesa na região e colocando-se contra a Espanha, quase sempre aliada à França. Derivou daí uma *enorme importância política que não tem correspondência social e econômica* enraizada na região. À posse no papel, no mapa, de direito, não corresponde uma ocupação de fato por uma sociedade colonial efetivamente enraizada. A Amazônia é assim uma região nunca vista a partir de sua própria realidade, do ponto de vista dos seus próprios habitantes e, nessa perspectiva de frágil enraizamento colonial na região, não é de se estranhar que seja tomada como permanentemente ameaçada pela cobiça de potências outras.

É com esse desígnio que a Amazônia é incorporada ao Estado brasileiro em 1823. Registre-se que, com o Bloqueio Continental efetuado por Napoleão contra a Inglaterra, a Coroa portuguesa se transfere para o Brasil, o que levou inclusive a que os portugueses fizessem incursões militares a Caiena, na amazônica Guiana Francesa, como retaliação àquele bloqueio. Grande parte do jardim Botânico de Caiena foi transferido para o Brasil, inclusive as mudas de café que transformariam o Brasil. Com o retorno da Coroa portuguesa a Lisboa, forçada pela revolução Liberal do Porto, os luso-amazônidas acabaram por optar por uma vinculação ao Brasil em 1823. Há, assim, uma "adesão" da Amazônia ao Brasil. Entre as preocupações que esses luso-amazônidas tinham com as ideias revolucionárias vindas de França estava, sem dúvida, a possibilidade da abolição da escravatura. Diga-se de passagem que, nesse aspecto, as elites regionais amazônicas em nada diferiam das demais elites regionais que compuseram o pacto de unidade do Império do Brasil: a manutenção da escravidão foi, sem dúvida, uma das marcas da nossa unidade territorial. A defesa da escravidão passou a ser uma das marcas da afirmação da identidade nacional contra as ideias alienígenas de liberdade. Já desde aquela época que as nossas elites dominantes se unem internamente contra a ingerência externa, em defesa da escravidão.

Assim, a integração da Amazônia ao território do Brasil se dá sob um signo conservador e com a permanência no poder dos antigos colonizadores, cujo poder na região se tornara ainda maior, haja vista serem, à época, extremamente débeis as vinculações da Amazônia com o Rio de Janeiro, então capital do novo Estado Nacional que recém-nascia.

A Amazônia e a unidade territorial do Brasil. O mapa acima, até pela primeira impressão de espanto que nos causa, contribui para nos mostrar como o estudo da Amazônia pode nos ajudar a entender o Brasil como um todo. A Amazônia, então Província do Grão-Pará e Rio Negro, não se tornou independente em 7 de setembro de 1822 tendo permanecido vinculada a Portugal até 1823.

Como salientamos, as vinculações político-administrativas da Amazônia eram diretamente com Portugal e não com o Vice-Reino do Brasil. Livres dos controles que a antiga metrópole lhes colocava e distantes de qualquer controle que o Estado brasileiro podia efetivamente exercer sobre eles a partir do Rio de Janeiro, os antigos colonizadores se sentiram extremamente à vontade para desencadear uma brutal exploração sobre a região e sua população, o que, sem dúvida, ensejou a revolta configurada na Revolução dos Cabanos (1835 a 1839). Aqui a própria população oprimida e explorada da Amazônia colocou explicitamente a vontade de romper com o jugo a que estava submetida desde os tempos coloniais e, dadas as forças políticas que dominavam a região, as mesmas que a dominavam antes de 1822-1823, chegou-se a colocar a questão de se separar do Estado brasileiro. Os cabanos chegaram a propor a criação do *Paiz do Amazonas*. A ideia de liberdade dos cabanos conflitava exatamente contra o pacto de unidade nacional feito, entre outras razões, para manter a escravidão.

Não é de se estranhar, portanto, que a Amazônia tivesse uma integração ao Brasil sob o signo de uma região que encerra enorme potencial de recursos naturais para o futuro, mas que seja vista como de integração nacional frágil, sempre suscetível de manipulações por parte de potências internacionais interessadas em explorá-la. Não foram as demandas de liberdade e justiça social das populações amazônidas, tão claramente expressas pelos cabanos, que foram incorporadas no imaginário dominante do estado que recém-nascia. Foi o medo de que houvesse a liberdade dos escravos.

Essa situação voltará a ser posta em pauta em diferentes momentos da História do Brasil. Ela está subjacente ao imaginário dominante do brasileiro acerca da Amazônia. O divórcio entre sociedade e Estado assume, no caso amazônico, feição muito própria. O caso do Acre é, nesse sentido, emblemático. O Estado brasileiro reconhecia a soberania territorial boliviana na região acreana contra, inclusive, a forte presença de brasileiros que a ocuparam no período do ciclo da borracha. O Acre acabou sendo a única porção do território brasileiro que não foi uma herança portuguesa, mas sim uma conquista de brasileiros, sobretudo de nordestinos que, de certa forma, criaram uma situação *de facto*, para que, num segundo momento, a diplomacia do Estado a transformasse em *de jure*. Para isso, mais uma vez, a diplomacia se mostrou hábil, aproveitando-se de um equívoco político das elites dominantes bolivianas que, também, não tendo domínio mais do que no papel sobre a região, concedeu-a a um consórcio de capitalistas ingleses e norte-americanos, a Bolivian Syndicate, com poderes praticamente absolutos para exercer a soberania naquela região do Alto Purus e do Alto Juruá.

Todavia, isso não impediu que o Estado brasileiro mantivesse a mesma visão tradicional, colonial, sobre a região. O Acre, mesmo após a sua integração ao mapa do Brasil, não conseguiu sequer ser incorporado como um Estado com direito a eleger os seus próprios governantes, como as demais unidades da federação, exceção feita ao Distrito Federal conforme rezava a Constituição então em vigor, a de 1889. O Acre entrou para o Brasil como um Território Federal, forma jurídica esdrúxula que não constava da Carta Magna da recém-criada República. E isso numa época em que o Acre era o mais importante produtor de borracha brasileiro, quando esse produto chegava a rivalizar com o café na contribuição de divisas externas para o país.

Mais uma vez a Amazônia era vista contra os interesses das suas populações, inclusive das suas elites que não conseguiram se afirmar como bloco regional importante no contexto nacional. Plácido de Castro, gaúcho, ex-militar e agrimensor que liderou a chamada Revolução Acreana, foi assassinado em 1908 por um complô comprovadamente ligado a políticos diretamente nomeados pelo governo federal, o qual temia sua liderança entre população local, que manifestava indignação, inclusive contra os impostos cobrados pelo governo brasileiro, mais elevados do que os cobrados pelo governo boliviano (23% contra 15%). A epopeia do Acre entrou para a história como um dos principais feitos da nossa formação cívica, mas não coube a Plácido de Castro ou qualquer outro diretamente envolvido naquele episódio os maiores louros mas sim ao Barão de Rio Branco, então ministro das Relações Exteriores, encarregado das negociações diplomáticas e financeiras e que, inclusive, veio emprestar seu nome à capital da nova unidade da federação. Mais uma vez, o que veio a importar não foram o feito ou as demandas da população regional, mas sim a preocupação com o controle nacional do território, como se aqueles que demonstraram capacidade para integrar aquela porção territorial ao Brasil não tivessem competência para autogovernar-se, como os demais Estados da Federação. Nesse sentido, o que mais importa na Amazônia é não a sociedade, mas sim o território.

Durante a Segunda Guerra Mundial, a Amazônia voltará a se ver incluída em negociações diplomáticas, em que prevaleceram os interesses nacionais contra os das elites regionais. Vendo a principal fonte de abastecimento de borracha dos países aliados contra o nazismo, o sul e o sudeste asiático, sob o controle de um aliado da Alemanha, o Japão, o governo brasileiro por meio do Acordo de Washington (firmado em 1942) enceta a Batalha da Borracha visando a recuperar a produção regional a fim de garantir o abastecimento de látex aos países aliados, particularmente os Estados Unidos da América. Pelo Acordo de Washington o governo brasileiro também procurou barganhar a implantação da Companhia Siderúrgica Nacional, em troca do apoio aos aliados. O interessante, no caso amazônico, que aqui nos interessa mais de perto, é que em virtude da urgência com a qual os Estados Unidos viam a necessidade de recuperar rapidamente a produção de látex, o governo brasileiro tenha assumido diretamente o monopólio do comércio de exportação de borracha e do abastecimento dos seringais, valendo severas críticas das Associações Comerciais de Belém e de Manaus, entidades representativas daqueles que tradicionalmente faziam essa intermediação comercial. Aqui vale também registrar a crítica feita pelas elites regionais ao estabelecimento do chamado Contrato-Padrão que garantia ao seringueiro-extrator 60% do preço da borracha.

Esse Contrato-Padrão era o reconhecimento tácito do extremo grau de exploração a que se achavam submetidos os seringueiros na Amazônia e é interessante observar que ele tenha sido instituído exatamente através de um acordo internacional. Ao mesmo tempo exaltavam-se aqueles que viessem servir à Pátria como Soldados da Borracha, como passaram a ser conhecidos aqueles que migraram para a região durante o período (1942 a 1945). As elites regionais, como se vê, não eram vistas com bons olhos ou como capazes de responder às exigências do momento na proporção exigida pelas elites nacionais nos seus acordos internacionais. A importância da Amazônia naquele contexto serviu também para o governo nacional barganhar a implantação da Companhia Siderúrgica Nacional, base do processo de industrialização por substituição de importações e do projeto militar nacionalista de construir uma indústria de base capaz de gerar as condições materiais e tecnológicas necessárias para que as Forças Armadas desempenhassem seu papel de defesa da integridade territorial do país.

Ainda durante a Segunda Guerra Mundial, o governo brasileiro volta a dar demonstração da velha tutela das elites nacionais não amazônidas com relação à Amazônia. Cria novos territórios federais como o Amapá, Rio Branco (atual Roraima) e Guaporé (atual Rondônia), amputando espaços aos antigos Estados do Pará, Amazonas e Mato Grosso e mantendo ainda o Acre na condição de território. Colocam-se, assim, sob a administração direta do governo federal, amplas parcelas dos territórios dos estados amazônicos. É o reconhecimento tácito da frágil inserção social e econômica da sociedade que se propôs a colonizar a região, mesmo transcorridos mais de três séculos de ocupação.

As razões para a nova divisão territorial são claramente geopolíticas, haja vista terem sido todos esses territórios criados em áreas de fronteiras, numa tentativa de, com esse instrumento jurídico-político-administrativo e geográfico, garantir uma ocupação efetiva daqueles limites, negociados inicialmente por Portugal, após o fim da União Ibérica, e que haviam ganhado contornos mais ou menos definitivos pelas negociações diplomáticas encetadas por Rio Branco em finais do século XIX e início do século XX.

No pós-guerra cresce a importância da borracha de origem sintética, sob controle direto de capitalistas dos países industriais, as *plantations* de borracha da Ásia, de ligações comerciais estreitas com os empresários das antigas metrópoles imperialistas, são reorganizadas e assim o Acordo de Washington perde sua razão de ser. O governo federal estabelece políticas que dão sobrevida às elites regionais, por meio de financiamentos dados pelo Banco de Crédito da Amazônia aos antigos seringalistas. Ao mesmo tempo em que garante financiamentos aos tradicionais seringalistas da região, a garantia de 60% do preço da borracha para esses, criada no bojo do Acordo de Washington, se faz letra morta.

Todavia, as elites regionais nunca serão vistas pelas elites nacionais como capazes de garantir um desenvolvimento efetivo para a região, vivendo de um extrativismo de produtos da floresta que se acredita ultrapassado, sustentado por recursos públicos e justificando-se como estratégico, posto que não só garantiria a ocupação da Amazônia com sua atividade como ainda por garantir um produto, a borracha, fundamental para o processo de industrialização brasileiro. O discurso nacionalista é cada vez mais parte do ideário das elites regionais. Note-se que esse discurso nacionalista, tal como à época do massacre da Cabanagem, se faz em prejuízo de direitos sociais mínimos, no caso aqueles que garantiam um preço maior para os seringueiros por meio do Contrato-Padrão. Mais uma vez é a preocupação com a unidade do território nacional, e não a sociedade, sobretudo os "de baixo", que importa. As elites regionais sempre se articulam com o poder nacional de modo subordinado, sem peso político que lhe permita garantir uma política efetiva e permanente para a região.

Assim a Amazônia cumpre, mais uma vez, um papel politicamente importante como trunfo de negociação internacional para afirmar um projeto nacional, projeto esse em que as elites dominantes na escala regional jogam um papel subordinado sendo, portanto, incapazes (e impotentes) de imprimir uma marca de amazonidade nesse projeto nacional. Nacionalmente a Amazônia aparece como um desafio: de garantir a integridade territorial do país.

Daí a região sempre estar inscrita no jogo diplomático e militar, pois envolve problemas de soberania e segurança nacionais. Para as Forças Armadas, por exemplo, a Amazônia sempre foi um desafio e, como o Brasil não dispunha de condições materiais efetivas para a ocupação, cabia ao Ministério das Relações Exteriores ser sempre acionado para garantir a almejada integridade territorial. Há assim uma espécie de pragmatismo dos militares que, para garantir a base logístico-material necessária à manutenção da integridade territorial, abrem espaços para os capitais multinacionais, como no caso da zona franca de Manaus e no Projeto Jari e assim internacionalizam, de fato, a região e, consequentemente, o debate sobre ela. O Comar – Comando Militar da Amazônia – foi criado justamente com a Zona Franca de Manaus. Assim a Honda, a Mitsubishi, a Yamaha, a Phillips e outras empresas multinacionais chegam à Amazônia juntamente com uma nova instância da hierarquia administrativa militar, o Comar. Para as elites regionais amazônicas, mais preocupadas em agradar os "de fora" do que aos "de baixo", essa presença das multinacionais será bem-vista pela oportunidade de negócios que se abre. Tal como demonstrara o sociólogo Fernando Henrique Cardoso no início dos anos 1960, quando analisara o comportamento político do empresariado brasileiro, as elites empresariais amazônicas, tal como a das demais regiões brasileiras, estão mais preocupadas com os seus negócios do que com o país.

Não é à toa que o Barão do Rio Branco, um diplomata, é uma figura venerada pelos militares. Como toda instituição militar no mundo moderno, uma das suas funções mais legítimas é a de garantir a integridade territorial. O Brasil, pelas suas dimensões territoriais continentais, se apresenta sempre como um desafio para as instituições militares. Essa é uma das razões de, na ideologia desses gestores territorialistas militares, o desenvolvimento tecnológico e industrial aparecer como essencial para dar condições materiais efetivas de defesa da integridade territorial. Essa é a razão pela qual, entre apoiar os velhos seringalistas, se apoiando nas elites tradicionais da região, e o desenvolvimento industrial, esta última opção terá a simpatia dos militares, mesmo tendo que se posicionar contra os que invocam discursos nacionalistas, como no caso daqueles que se posicionaram contra o fim do monopólio estatal no comércio de importação de borracha decretado no governo Juscelino Kubitcheck (1958). Com isso beneficiavam-se as indústrias montadoras de automóvel e as de pneumáticos que, embora fossem em sua maioria de capitais estrangeiros, ao se estabelecer em território brasileiro viriam, acreditava-se, garantir o almejado desenvolvimento tecnológico e industrial que, na visão dos militares, era fundamental para garantir a integridade territorial.

Desse modo as elites regionais amazônicas sofrem, mais uma vez, a partir de 1958 um pesado golpe com as importações de borracha por empresas que historicamente mantinham laços estreitos com os produtores de borracha vegetal da Ásia e com os produtores de borracha sintética dos seus países de origem. Embora em novas circunstâncias vemos se cumprir a velha sina da região amazônica como região periférica, dependente e sem o peso político de suas elites no poder nacional. Mais uma vez não será por meio da sociedade regional que a Amazônia será pensada, mas sim por meio de uma perspectiva nacional, de fora da região.

Será o desenvolvimento industrial nacional que ensejará as condições para uma incorporação efetiva da região na perspectiva dos que têm a hegemonia do poder à escala nacional. É nesse contexto que se funda Brasília e, a partir da nova capital até Belém, se desencadeia a integração física da Amazônia ao resto do país por meio de rodovias, já em finais dos anos 1950. Configura-se, assim, uma articulação política nacional que envolve grandes capitais nacionais e internacionais, particularmente aqueles vinculados ao polo industrial automobilístico e suas indústrias satélites, do qual a Fiesp – Federação das Indústrias do Estado de São Paulo – é uma entidade representativa, com um forte papel do Estado brasileiro. Os gestores territoriais militares cumprem cada vez mais um papel decisivo, de onde emergirá uma política de integração da Amazônia, por rodovias que, finalmente, reunirá as condições materiais para aquela incorporação efetiva da Amazônia ao desenvolvimento brasileiro.

E, como que corroborando toda a análise da visão sobre a região amazônica desde os tempos coloniais o elemento ideológico nacionalista se fará presente: "Integrar para não entregar", eis o *slogan* que essa incorporação efetiva ganhará, exatamente quando o estamento militar assume a tutela do poder no país por meio de um regime ditatorial, ancorado nas classes dominantes civis. A construção da rodovia Transamazônica, das hidrelétricas de

Balbina e Tucuruí, a criação de novos espaços sob tutela direta do poder federal, como a faixa de 100 km de cada lado das rodovias que se construíam, a criação do Grupo Executivo das Terras do Baixo Amazonas (Gebam) e do Grupo Executivo de Terras do Araguaia-Tocantins (Getat), além da criação da Superintendência da Zona Franca de Manaus, a extinção do Banco de Crédito da Amazônia e o fim dos subsídios aos velhos seringalistas (1967) dão bem a ideia do papel reservado aos amazônidas, inclusive às suas elites.

AMAZÔNIA COMO VAZIO DEMOGRÁFICO

Uma das imagens mais arraigadas no que tange à Amazônia é a que se trata de uma região de baixa densidade demográfica, de um vazio demográfico. Apesar de o conceito de densidade demográfica poder ser expresso com rigor estatístico, ele deve ser devidamente contextualizado pelas implicações que dele decorrem.

Antes de qualquer outra coisa, o conceito de densidade demográfica é um conceito relativo em pelo menos dois sentidos. O primeiro é que a relação população-área deve ser equacionada com relações sociais que regem a vida dos homens e mulheres entre si e destes com a natureza. A própria Amazônia, sempre apontada como uma região de baixa densidade demográfica, em vários momentos de sua história, apresentou uma superpopulação relativa, em virtude de mudanças do contexto socioeconômico. Referimo-nos aqui, em particular, à crise decorrente da perda da liderança na produção de látex que provocou êxodo das populações dos estados amazônicos, sobretudo entre os estados da própria região. Em segundo lugar, o conceito de densidade demográfica torna-se mais evidentemente relativo quando a ele se associam valores-padrão de baixo ou alto. Afinal, a densidade demográfica da Amazônia é baixa em relação a quê, se em determinadas circunstâncias há até população excedente? Aqui se evidencia claramente que, subjacente à ideia de vazio demográfico, se esconde aquela preocupação já salientada, herdada do período colonial, que revela mais a respeito das dificuldades dos que querem colonizá-la em realizar o seu intento do que propriamente do povoamento da região. É a ideia do vazio demográfico frequentemente reiterada como que para justificar a necessidade de ocupá-la, para garantir a integridade territorial.

Afinal, a Amazônia foi uma região preterida em virtude das oportunidades de enriquecimento rápido que outras áreas do império colonial português (ou espanhol) apresentavam. Sendo assim, os maiores fluxos demográficos se dirigiram para outras áreas e não para a Amazônia. Dessa forma o problema demográfico sempre se configurou como um dos mais sérios na perspectiva dos que queriam dominar a região. E não só do ponto de vista do número de habitantes, conforme veremos.

Garantir a posse de uma área de aproximadamente 7,5 milhões de km², dos quais 5 milhões em território hoje brasileiro, sem poder dispor de um efetivo demográfico significativo, como eram os casos de Portugal e Espanha, acrescido de a região não propiciar atividades tão lucrativas como a extração de ouro ou prata ou a exploração da cana-de-açúcar, constituía uma permanente dor de cabeça para as metrópoles coloniais e, também, para os Estados que viriam estabelecer soberania sobre a região.

Além disso, é preciso considerar-se que os 6,8 milhões de habitantes que residiam na região, dos quais cerca de 3,5 milhões no atual território brasileiro, ao contrário da organização sociopolítica que existia entre os incas, maias e astecas que os integrava em torno de um Império, se achavam dispersos em diversos núcleos de povoamento independentes. Assim, nos altiplanos andinos, por exemplo, a forma hierarquizada, com um estado centralizado, de certa forma facilitou o colonizador espanhol que, ao dominar a cúpula desse Estado, ao mesmo tempo garantia o domínio sobre territórios e vastas populações que dominavam a metalurgia do ouro e da prata.

Na Amazônia, ao contrário, o domínio sobre um determinado povo indígena não proporcionava mais que a ocupação de um espaço restrito, geralmente junto ao rio.

Portugal, além do estabelecimento de fortificações militares, buscou nas ordens religiosas um sustentáculo para a sua política colonial. O próprio nome dado à época de sua fundação à cidade de Belém, Forte do Presépio, expressa essa dimensão militar (forte) e religiosa (presépio) do domínio português na Amazônia. Os "descimentos", como eram chamados os deslocamentos das populações indígenas dos altos cursos dos rios para reuni-las em Aldeamentos ou Missões, constituíram-se numa das mais importantes medidas da ocupação da Amazônia portuguesa. Os conflitos entre os colonos portugueses que vieram para a Amazônia e essas ordens religiosas eram frequentes, pois aqueles desejavam escravizar os nativos e submetê-los a suas atividades na agricultura ou de coleta das chamadas drogas do sertão.

Portugal, na verdade, não dispunha de muitas alternativas a não ser buscar entre as populações indígenas sua base para a ocupação da Amazônia. Essa destribalização indígena nas missões significou a submissão daqueles povos, impingindo-lhes a cultura religiosa cristã, assim como uma língua geral codificada pelos jesuítas.

O contexto amazônico apresentou ainda uma característica da relação população-território que deixou marcas profundas na imagem que se formou da Amazônia. A enorme disponibilidade de terras tornava extremamente difícil estabelecer um controle efetivo sobre a população que sempre podia escapar e se estabelecer livremente mais adiante. Além disso, as populações nativas e os caboclos tinham um conhecimento do espaço que os colonizadores não possuíam. A riqueza da floresta e a piscosidade dos rios permitia o desenvolvimento de uma economia natural, isto é, não monetizada, que dava suporte à liberdade dessas populações em face das diversas tentativas de subordiná-las a projetos mercantis. Aqui reside a visão dos colonizadores da preguiça e indolência dos nativos e caboclos da Amazônia, da chamada *leseira* do homem amazônico.

O mesmo aconteceu com as populações negras introduzidas na região, sobretudo após 1750, com a política modernizadora do Marquês de Pombal. Essas populações negras procuravam fugir da escravidão das fazendas e se estabeleciam acima das cachoeiras, como nos afluentes do rio Trombetas, no Pará, ou simplesmente se embrenhando na floresta, onde constituíam comunidades livres, quilombos, como em várias regiões do Maranhão, do Amapá e do Pará.

Em virtude disso formou-se uma visão sobre essas populações indígenas, negras ou caboclas de que elas seriam indolentes e preguiçosas, avessas ao trabalho. Na verdade há que se indagar por que essas populações haveriam de se submeter a uma disciplina imposta por gente que pretendia enriquecimento rápido, quando elas podiam optar por ser livres, tanto pela grande disponibilidade de terras, como pelo conhecimento que adquiriram em sua convivência com os mais diferentes ecossistemas amazônicos.

Relembremos, ainda, que a Revolução dos Cabanos teve como pano de fundo exatamente a recusa à brutal exploração que se seguiu à adesão ao Brasil por parte das antigas elites da região. Ao massacre da população revoltosa se seguiu uma completa desorganização das atividades produtivas. A morte de aproximadamente 42 mil pessoas nos conflitos da Cabanagem dá bem uma mostra de como o controle do território era o centro das preocupações com relação à Amazônia.

Diante desses fatos não é de se estranhar que aqueles que se propuseram a dominar o espaço amazônico tenham acentuado a escassez de mão de obra, a ideia do vazio demográfico.

Perante as dificuldades de iniciar uma colonização mais efetiva, o controle das vias de circulação, a intrincada rede hidrográfica da bacia amazônica, mostrou-se como a estratégia mais eficaz. Na impossibilidade do controle efetivo das terras, o controle das águas.

Daí resultou um povoamento disperso ao longo dos rios, sustentado pelo extrativismo das drogas do sertão, por uma agricultura de subsistência e pela pesca artesanal, base da cultura do caboclo da Amazônia. Para além das várzeas ribeirinhas a terra firme se constituía num verdadeiro desconhecido para a sociedade dos colonizadores, mas não para os caboclos, negros e indígenas da própria região.

Houve, ainda, uma tentativa de se desenvolver a agricultura e a pecuária, sobretudo a partir de 1750, para o que se introduziu a mão de obra escrava.

Ainda aqui foram as várzeas e a região das ilhas no Baixo Amazonas que mais se destacaram. Belém, por sua posição estratégica na foz do grande rio, se afirmava como a principal cidade da região. A pecuária na ilha de Marajó e a produção do cacau, algodão e a cana-de-açúcar, esta sobretudo destinada para a produção de aguardente para comércio regional, foram as mais significativas. A pecuária na região da ilha do Careiro, defronte a Manaus, e nos campos de Rio Branco (atual Roraima) só se desenvolverá no século XIX, quando medidas de caráter geopolítico se impuseram após a Cabanagem.

O problema do controle político da população voltará a ser posto a partir dos anos de 1860/1870 com o crescimento da demanda internacional de borracha. Cerca de 300 a 500 mil migrantes nordestinos se dirigirão para a Amazônia entre os anos de 1860 e 1912, quando a produção de borracha atingiu o seu auge. Grande parte dessa população se dirigiu principalmente para os altos cursos dos rios, sobretudo para a Amazônia sul-ocidental, onde se achava a seringueira de melhor látex, a *Hevea brasiliensis*, e que acabou por ensejar a incorporação do Acre ao Brasil, conforme já destacamos.

Há um aspecto de ordem político-cultural dessas populações migrantes que precisa ser destacado. É que antes mesmo da famosa seca de 1877 que, sem dúvida, acentuou o fluxo migratório, este já vinha se dando em virtude da crise provocada nos sertões algodoeiros do Nordeste pela retomada da posição norte-americana no mercado internacional de algodão, após o fim da Guerra Civil em que se viu envolvido aquele país. Assim é que será do sertão, principalmente do Ceará e do Rio Grande do Norte, estados tradicionalmente produtores de algodão que sairão os migrantes para os altos cursos dos rios amazônicos. Destaque-se que o sertão nordestino, ao contrário da Zona da Mata, não teve a escravidão como base do seu regime de relações sociais. O Ceará, por exemplo, foi um dos primeiros estados a abolir a escravidão, antes mesmo da Lei Áurea.

Desse modo, não será para o sul do país, onde a cultura do café se expandia ainda sob regime escravocrata, que essas populações dos sertões nordestinos se dirigirão. A ideia de que eram homens livres não deixava de estar presente no horizonte dessa população. Dessa forma se reforça uma característica cultural histórica das populações amazônicas, associada a uma região onde as condições do ambiente, de disponibilidade de terras e de condições para subsistência, são favoráveis ao trabalho livre. A Amazônia lhes aparecia como a terra da liberdade, ao contrário do Sudeste onde havia o trabalho escravo e, mesmo após a libertação dos escravos, a mentalidade escravocrata continuou a comandar as práticas sociais.

Muitos dos que se dirigiram para a Amazônia durante o ciclo da borracha tinham como perspectiva um rápido enriquecimento e o retorno ao Nordeste como horizonte. Desenvolveu-se, assim, um povoamento instável, muito suscetível às variações da demanda internacional de látex.

No entanto, nas várzeas do Médio Amazonas o povoamento será reforçado com populações egressas dos seringais que aí vão desenvolver a agricultura de subsistência, o extrativismo vegetal e a pesca, sobretudo entre 1920 e 1940. Vê-se assim reforçar-se o povoamento de uma sub-região que desde o período dos primeiros viajantes era apontada como de maior povoamento: as várzeas do Médio-Baixo Amazonas.

Todavia, nem todos migraram dos seringais. Muitos permaneceram nos seringais reforçando seus laços com a terra, por meio de uma agricultura de subsistência associada ao extrativismo da borracha e da castanha, do comércio de peles e madeiras. O interessante a se observar é que a qualidade de vida dessas populações remanescentes nos seringais e nas várzeas tornou-se melhor do que durante a época áurea da borracha, quando, apesar da riqueza que corria nas mãos dos comerciantes e seringalistas, para não falar do que era acumulado pelos bancos e pelas casas exportadoras estrangeiras, as doenças e a mortalidade atingiam índices tanto maiores quanto maior fosse a região produtora de borracha, como se pode depreender dos relatórios de Osvaldo Cruz e das observações de Afrânio Peixoto.

Apesar da exportação de borracha ter atingido um grau que a equiparava ao café, na contribuição para as divisas do país à época do seu auge, o ciclo da borracha foi basicamente uma iniciativa de capitais privados nacionais e, principalmente, estrangeiros que a financiaram.

O Estado brasileiro, capturado pelos interesses dos barões do café que lhes financiou, tanto as ferrovias como a vinda de imigrantes estrangeiros, pouco ou nada fez pelo desenvolvimento da borracha na Amazônia. O caráter marginal das elites amazônicas muito contribuiu para isso. Até mesmo argumentos de ordem racista e climático foram arrolados para justificar que a imigração estrangeira deveria ser dirigida basicamente para as províncias do sul do país, de clima temperado, sob o pretexto de que os imigrantes europeus não se adaptariam à insalubridade do clima amazônico.

Por sua vez, as elites locais amazônicas defendiam a salubridade do clima regional e propugnavam pela vinda de imigrantes europeus sob a alegação de que as populações indígenas e caboclas não eram industriosas e capazes de um trabalho estável, agrícola, que poderia levar a região ao progresso. Outros afirmavam ainda que somente as populações negras acostumadas ao clima quente e úmido e à escravidão se adaptariam à Amazônia. Vê-se, mais uma vez aqui, o preconceito com relação às populações locais e não só pelos de fora, mas também por setores importantes das elites regionais. Ainda hoje, sabemos o que se espera da migração de japoneses, de europeus ou de seus descendentes, como se fosse difícil construir um país com caboclos, índios e negros.

A escassez de braços é assim não só uma questão de número, mas também derivada das dificuldades de as elites locais conseguirem subjugar essas populações que teimam em se manter livres do seu controle. Afinal os caboclos, os negros e os indígenas encontraram e desenvolveram condições para se manter livres.

Os seringalistas e comerciantes que se enriqueceram com a borracha preferiram investir seus capitais em imóveis em Manaus, Belém, Fortaleza e Rio de Janeiro. Na ausência de perspectivas diante de um mercado interno extremamente reduzido, em virtude da ausência de dinheiro nas mãos dos seringueiros que, ou estavam endividados com o barracão, que os mantinha prisioneiro do seringal, em troca de novos aviamentos de víveres e sem ver a cor do dinheiro ou, os que tinham saldo nas suas contas eram exatamente aqueles que podiam retornar à sua terra natal, ou ainda se mantinham graças a uma economia natural, que lhes permitia a subsistência à margem de uma economia de mercado. Assim, o complexo socioeconômico da borracha não foi capaz de engendrar por si próprio perspectivas de um desenvolvimento autossustentado na região, não por não ter auferido lucros significativos, mas claramente pelas opções que as elites regionais, nas circunstâncias, fizeram para o uso da riqueza auferida.

No entanto, como vimos, os que se mantiveram na região, menos pressionados pelos que queriam submetê-los a uma economia mercantil de caráter semicolonial de exportação, desencadearão uma diversificação produtiva, tanto agrícola, como extrativista que será capaz de fazer melhorar a sua qualidade de vida em relação ao período áureo da borracha, aspecto esse não devidamente destacado na literatura sobre a região.

Eis, mais uma vez, aquela perspectiva que vimos destacando de que sempre se ignoram as populações amazônidas, particularmente, os indígenas, caboclos e demais trabalhadores agroextrativistas que, desse modo, não são contemplados devidamente nas diversas perspectivas de desenvolvimento para a região, preferindo-se falar de um vazio demográfico (e cultural).

Esse preconceito se manifestará com todo o seu peso contra a Amazônia e suas populações, sobretudo a partir de finais dos anos 60, quando, enfim, o bloco de poder constituído em âmbito nacional reúne as condições materiais para fazer o que entende por "povoamento" e "desenvolvimento" na Amazônia. Os conflitos com as populações remanescentes de indígenas, caboclos seringueiros e negros de antigos quilombos se acentuarão, acrescentados por uma leva de novos camponeses pobres estimulados a migrar para a região nos últimos trinta/quarenta anos. Esses conflitos são a melhor demonstração prática de que a região não era um vazio demográfico e que esse mito é parte desses conflitos dos quais a região se tornará palco.

A AMAZÔNIA COMO RESERVA DE RECURSOS

Os obstáculos encontrados para uma efetiva colonização da Amazônia por aqueles que se colocaram tal tarefa levaram à construção de determinados mitos sobre a região que, na verdade, revelam mais sobre as dificuldades desses colonizadores do que sobre a realidade regional. A região se apresenta, nos diferentes países que a abarcam, como se fosse um quintal nos fundos do país. Em face da situação dos países periféricos no contexto internacional a Amazônia se constitui, portanto, como uma periferia de países periféricos.

Diante desse quadro, as dificuldades de efetiva incorporação desses territórios ao processo de desenvolvimento aparecem, sobretudo, para as populações não amazônidas desses países, como se a região fosse constituída de uma imensa reserva de recursos naturais. Daí a Amazônia ser sempre apresentada no superlativo, com recursos imaginários incomensuráveis que desconhecemos, mas que precisamos controlar e não temos tido condições de fazê-lo. É essa insegurança nacional que faz com que haja uma preocupação permanente com a segurança nacional quando se debate a Amazônia.

É preciso, no entanto, contextualizarmos essa visão de que esses imensos recursos são desconhecidos. De um lado porque há uma rica produção científica já acumulada a respeito da Amazônia tanto por renomados cientistas estrangeiros, como por instituições científicas nacionais como o Inpa, em Manaus, e o Museu Emílio Goeldi, em Belém. Isso além de uma vasta literatura em forma de relatórios de pesquisa, teses de mestrado e doutorado produzidas, sobretudo, por pesquisadores das universidades da região.

Por outro lado, é preciso que reconheçamos, definitivamente, que as populações tradicionais da região, em particular os indígenas e os caboclos, mas também os camponeses que para lá migraram, têm um conhecimento acumulado extremamente relevante. Qualquer engenheiro florestal, zoólogo, botânico, geógrafo ou geólogo sabe o quanto depende do conhecimento dessas populações para realizar suas pesquisas, para identificar espécies animais e vegetais, conhecer seus hábitos. Muitos doutores sabem que suas teses deveriam partilhar a autoria com muitos caboclos da Amazônia. O reconhecimento do valor e da qualidade desses saberes, que hoje vem sendo afirmada por vários cientistas, é uma crítica ao etnocentrismo e toda a carga de preconceito que os colonizadores tiveram com relação a essas culturas. O verdadeiro etnocídio cometido contra muitas dessas populações trouxe prejuízos irreversíveis para toda a humanidade.

De fato, vimos que desde o período colonial, a Amazônia tem sido objeto, em diferentes circunstâncias históricas, de um debate internacionalizado. No entanto, não será mitificando e superestimando os recursos da região que superaremos os desafios que se apresentam para sua efetiva incorporação ao desenvolvimento brasileiro.

O fato de a Amazônia corresponder a cerca de 54% do nosso território por si só indica que os recursos que nela existem demandam uma avaliação criteriosa. Por outro lado, é preciso que saibamos fazer uma leitura não só dos recursos naturais da Amazônia, mas, também, da nossa própria experiência histórica em outras regiões, que aponta claramente que a existência de recursos naturais em abundância, embora uma condição favorável, não significa necessariamente bem-estar para a população e para o país.

As florestas e os campos

Um primeiro procedimento que se torna necessário, e que, no entanto, é um dos maiores obstáculos, é o de rompermos com a visão colonialista que até aqui tem predominado e que vê a Amazônia como um espaço a ser conquistado, como se fosse um vazio demográfico e cultural. É essa visão que tem salientado que a região precisa ser mais conhecida, como se já não houvesse um conhecimento acumulado por suas populações originárias e pelos cientistas e pesquisadores que atuam na região. Como essas populações nem sequer foram consideradas como habitantes, afinal a região não é vista como um vazio demográfico? Como considerá-las passíveis de terem construído um patrimônio cultural? Esse talvez seja o primeiro grande recurso de que a Amazônia dispõe: o seu patrimônio cultural. E esse patrimônio cultural, em si mesmo diversificado, se confunde com a enorme riqueza das florestas, dos seus ecossistemas. Inventariar o patrimônio desses ecossistemas sem partir da cultura dessas populações é, rigorosamente falando, procurar agulha num palheiro.

Qualquer pesquisador da área de ciências naturais sabe o quanto as suas teses sobre a Amazônia dependeram do saber dessas populações indígenas, caboclas, extrativistas. A convivência com uma floresta *sui generis*, caracterizada por uma extrema biodiversidade que faz com que em apenas um hectare de terra na Amazônia haja mais espécies vivas do que em toda a área dos ecossistemas das zonas temperadas do planeta, como têm salientado os cientistas H. Schubart, do Inpa, e o Dr. Paulo Kageyama, da Esalq-USP, foi o habitat onde diferentes culturas foram desenvolvidas por essas populações.

Uma das maiores dificuldades encontradas na região por aqueles que têm a perspectiva de acumulação rápida de lucros é exatamente a dispersão geográfica de uma mesma espécie a que se atribua valor comercial. Muitas vezes um inventário de hectare para se avaliar o potencial de exploração comercial não pode ser generalizado para o hectare vizinho. Assim, os ecossistemas amazônicos parecem indicar que uma perspectiva de diversificação produtiva é recomendável em lugar de monocultura.

O antropólogo D. Posey chega a denominar a floresta como Floresta Cultural Tropical Úmida em virtude das inúmeras espécies plantadas pelas populações

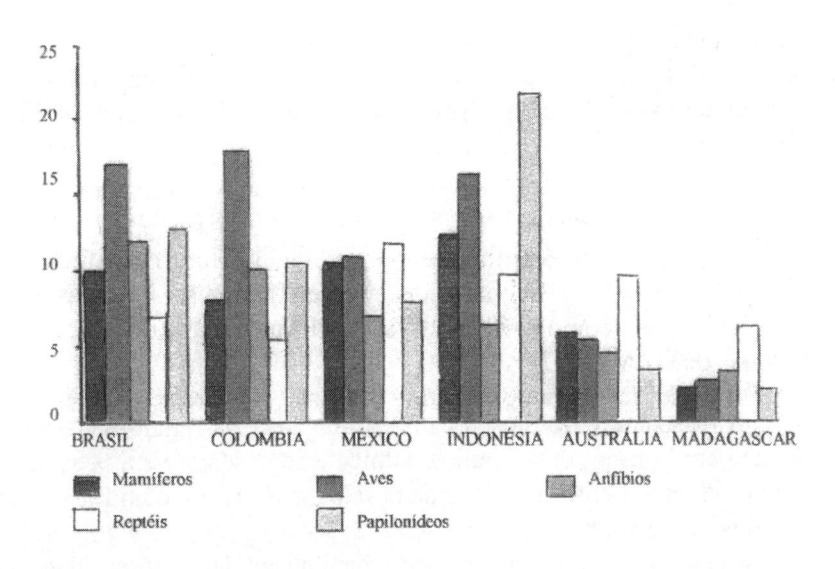

Países de megabiodiversidade.

indígenas. A floresta não seria, desse modo, algo estritamente natural, mas teria a intervenção dessas populações que atuam na região há milhares de anos. O cacau, por exemplo, tido por muitos como natural da Amazônia, não o é. Ele foi introduzido na Amazônia pelas populações que o trouxeram da América Central. A prática do que hoje diversos agrônomos e engenheiros florestais modernos chamam de sistemas agroflorestais seria uma das melhores tradições das populações da região.

Além disso, essas populações desenvolveram uma medicina cujo conhecimento tem servido de base para inúmeros remédios que grandes laboratórios nacionais e internacionais têm processado. E aqui se abre uma interessante questão com relação ao direito de propriedade intelectual e de patentes a que essas populações não têm tido acesso e de que esses laboratórios têm se apropriado, como se o conhecimento dessas populações não se constituísse em *know-how*. Ou até mesmo caberia refletir sobre o caráter de apropriação privada de conhecimentos que, sabemos, em qualquer caso, sempre está baseado em um patrimônio de conhecimentos que, necessariamente, mergulha no tecido sociocultural sendo, portanto, coletivo. Pode-se afirmar que com as novas tecnologias de ponta em curso, particularmente com relação à biotecnologia, o saber dessas populações se revela como um dos mais importantes recursos para a Amazônia, principalmente para as suas populações originárias. Nesse sentido, cabe até indagar se não está na hora de revermos esses conceitos de tradicional e moderno, pois, pelo exemplo exposto, o saber tradicional dessas populações se constitui num importante suporte de tecnologias de ponta, como é o caso da biotecnologia. Já sabemos das possibilidades que se abriram para a Revolução Industrial com o conhecimento indígena da borracha. E sabemos, também, qual foi o lugar destinado aos índios pelo processo de acumulação de capital que o seu conhecimento sobre o mesmo látex proporcionou.

No entanto, a Amazônia não se constitui só de floresta. Além da biodiversidade, que atinge níveis particularmente elevados nas proximidades dos contrafortes andinos, a própria floresta apresenta-se ora mais fechada, ora mais aberta. É possível encontrarmos em meio à floresta extensas áreas de campos (cerrados), como os Campos de Rio Branco, em Roraima, no Médio Amazonas ou no Amapá.

Além disso, há os famosos campos alagados da região das ilhas, com destaque para Marajó, onde tradicionalmente se desenvolve a pecuária bovina e, mais recentemente, a criação de búfalos, em Marajó e no Baixo Amazonas, inclusive no Amapá.

Acrescentem-se ainda os extensos manguezais que cobrem parte considerável do litoral amapaense e que exercem importante função na rica fauna ictiológica do litoral.

Em virtude do elevado índice pluviométrico que cai sobre a região e do fato de a calha do rio Solimões-Amazonas correr paralelamente a poucos graus da linha do Equador, os afluentes do principal rio, tendo suas cabeceiras em hemisférios diferentes, jogam nele uma enorme descarga de água, provocando inundação periódica de uma larga faixa de terra que atinge, em determinados lugares, a mais de 100 km de largura. Essas várzeas, segundo diferentes estimativas, atingem entre 3% e 5% da área da Amazônia brasileira. Registre-se que a floresta periodicamente inundada, chamada mata de igapó, também contribui enormemente para o desenvolvimento de uma rica fauna dos rios da região.

A vasta experiência dos caboclos ribeirinhos da Amazônia, combinando agricultura, extrativismo vegetal e pesca, demonstra a fertilidade desses ecossistemas. O rico espetáculo de peixes, os mais variados em formas e tamanhos que se podem observar, por exemplo, no mercado de Ver-o-Peso de Belém é uma bela demonstração disso.

Aqui nessas regiões o principal problema parece residir não na incapacidade desses caboclos, mas no isolamento em que se encontram e que os coloca à mercê de "atravessadores", os regatões, que se aproveitam da situação de ausência de políticas públicas para impor os preços que querem, elevando os preços das mercadorias que vendem e diminuindo os das que compram. Aliás, essa é uma característica geral inerente à geografia do comércio de produtos agrícolas, posto que a dispersão espacial facilita a atuação desses "atravessadores" que, dessa forma, se apropriam de uma importante fração da riqueza social, não por sua competência ou modernidade, mas em virtude das circunstâncias geográficas que, no caso amazônico, adquire um lugar proeminente. O isolamento do caboclo é um fato cultural da região e a ele está associada à figura ambígua do regatão.

Considerando-se as particularidades dessas populações ribeirinhas da Amazônia, seu rico potencial e seu isolamento, mais que se justifica que haja um conjunto de políticas de regularização de suas terras e de apoio agrícola, técnico e creditício, de modo que se reverta em benefício da sociedade, e não de uns poucos atravessadores, essa rica experiência. E não só isso, mas uma política de comercialização-circulação que atue no controle das águas propiciando que reverta para os próprios produtores uma parcela mais significativa da riqueza gerada por seu trabalho.

Águas, vidas

Já no século passado, Louis Agassiz visitando a região entre 1865 e 1866, observara que "por mais que se tenha falado sobre o número e a variedade de peixes do Amazonas, a riqueza de sua fauna ultrapassa tudo quanto se diz". Escrevendo a Pimenta Bueno diz:

> o dia de ontem foi um dos mais instrutivos, sobretudo, no que diz respeito aos peixes do mato. Obtivemos ao todo quinze espécies, sendo dez novas, quatro, também, encontradas no Pará e uma já por mim descrita [...] a lista dos nomes que pedimos aos índios prova, ainda, que o número de espécies que se encontram nessas localidades é muito mais considerável que o das espécies que já pudemos obter [...] Só nessa época e no trecho de águas doces, entre o oeste das ilhas do Marajó e o município de Breves, Agassiz encontrou novas espécies de jacundá, acará, sarapó, jeju, rebeca, anojá, acari, matupirim, aracu em novos gêneros desde candiru, bagre e acari. Isto prova a variedade dos tipos de peixes, cada qual com seu ciclo de vida, habitat natural e hábitos. Todos esses tipos eram habilidosamente explorados pelos índios da região. Mais adiante, entre Gurupá e Porto de Moz, ele conseguiu obter 84 espécies de peixes. Quando chegou ao rio Xingu, já tinha pronta duas coleções de peixes, uma de **peixes do mato** e outra de **peixes do rio**, mostrando, com isso, uma classificação dos peixes segundo a natureza das águas. Na região do rio Tapajós, coletou 50 espécies; nas vizinhanças de Vila Bela, na foz do rio Tupirambaranas, 180, dos quais cerca de dois terços eram espécies novas. Quando chegou em Manaus, já tinha uma coleção de 300 peixes antes mesmo de ter percorrido a terça parte do curso principal do rio Amazonas. E em todo percurso a pesca, a salga e a secagem de peixe eram praticadas pelos índios para consumo e alimentação, especialmente o peixe seco era alvo de comércio. Em Tefé, os índios soltavam suas redes, ao cabo de alguns minutos, uma abundância de peixes enchia suas redes em uma variedade formidável. Aí Agassiz já contava com uma coleção de mais de quatrocentas espécies, incluindo todo o rio Amazonas. Essas informações de Agassiz são extremamente importantes para demonstrar a riqueza da região em ictiofauna, que consubstancia a tendência dessa região para a pesca (L. G. Furtado)

Necessário é destacar, pois, assim como já constatara L. Agassiz no século XIX, que as populações indígenas, assim como os caboclos ribeirinhos, desenvolveram todo um saber sobre os hábitos desses peixes que se constituem num acervo inestimável de conhecimentos. É preciso saber ler suas histórias e causos, sobre a Cobra d'Água, por exemplo, para entender que alguns lugares, em determinadas épocas do ano, devem ser poupados de pesca. Qualquer política séria de defesa da Amazônia deve partir desse *know-how*. O mais difícil até aqui tem sido convencer nossas próprias classes dominantes de que o povo sabe.

É preciso destacar, ainda, que a imensa concentração de biomassa desses ecossistemas amazônicos é constituída por água. Como nos ensinam os biólogos, os seres vivos são constituídos, em média, por 70% de água. Olhando-se por esse ângulo, as Florestas Amazônicas aparecem como um imenso *oceano verde*, por meio do qual a água é reciclada por evapotranspiração. Sem sombra de dúvida, esses ecossistemas não são somente o resultado da disponibilidade de insolação e das chuvas imensas que caem na região, mas também das próprias florestas que retêm parte dessa água nos corpos das espécies que as constituem e, ao mesmo tempo, que se oferecem à evapotranspiração protegem parte dessa água de evaporar-se permitindo, assim, que corram através de seus caules, de suas folhas e de suas ramagens indo se alojar no subsolo que, por sua vez, vai alimentar mais adiante os rios.

Além disso, formam-se sobre a Amazônia massas de ar carregadas de umidade que, dependendo da época do ano, deslocam-se para o sul do país ou para a região das Antilhas despejando nessas áreas chuvas formadas na Amazônia. Os ecossistemas amazônicos cumprem, assim, um importante papel no ciclo hidrológico de importantes parcelas do planeta, em particular no continente americano.

Os solos: nem ricos, nem pobres

A tentativa de derrubar as florestas para implantar sistemas agropastoris com base em tecnologias elaboradas para outros ecossistemas tem se demonstrado catastrófica na Amazônia. As chuvas abundantes e torrenciais tendem a erodir os solos, além de acentuar o processo de laterização-lixiviação. Isso tem levado a um juízo negativo a respeito do potencial dos seus solos, o que, mais uma vez, revela muito mais a respeito dos que fazem esses juízos do que sobre os próprios solos.

Já se tornou lugar-comum dizer que os solos da Amazônia são pobres ou que é uma ilusão achar que o fato de sobre eles crescer a mais rica biomassa por unidade de área do planeta não significa que esses solos sejam ricos. Costuma-se afirmar que a floresta vive de si mesma, pois ela se desenvolve a partir da rica matéria orgânica que ela própria fornece ao solo. Diz-se que se retirarmos essa floresta cessa a fonte de matéria orgânica e, a partir daí, conclui-se que, por isso, os solos em si mesmos são pobres.

Há aqui uma artimanha no argumento que precisa ser devidamente analisada. A fundamentação deriva do próprio método cartesiano de análise, que dissocia o solo da floresta. É como se amputássemos os braços de uma pessoa e, depois, a condenássemos por ser aleijada. Ao se separar a floresta do solo, o que se revela é o esquartejamento da natureza bem característico de uma sociedade em que a divisão do trabalho para a produção de mercadorias expressa a prática de que uns só se interessem pelos solos; outros, só por uma determinada espécie de madeira da floresta; outros, pelo subsolo.

Esse tipo de análise mais enfatiza sobre a cultura e a sociedade dos que querem colonizar ou dominar a região do que nos esclarece sobre a complexidade dos solos ou dos ecossistemas regionais. Na verdade, já se faz um desmatamento a partir da própria metodologia. Não se parte da própria realidade do ecossistema que, por si mesmo, *fabricou*, com aqueles nutrientes, aquela biomassa. A conclusão mais óbvia a que se pode chegar a respeito da realidade amazônica é de que seus solos são compatíveis com a floresta. Mas não é a convivência com a floresta, mas sim a sua derrubada, que faz parte da tradição da cultura europeia, ainda dominante entre as elites brasileiras e mesmo entre setores das elites amazônicas. É isso que chamam de cultura, isto é, a submissão da natureza aos desígnios do homem. E pior, achar que a única maneira de fazê-lo é da forma que fazem.

É claro que dizer que os solos da Amazônia são compatíveis com a floresta implica olhar com mais atenção e com menos preconceito a cultura das populações que aprenderam a conviver com essa floresta. Dizer que os solos da Amazônia são pobres porque, se tirarmos a floresta, eles perdem a fonte de matéria orgânica que lhes empresta fertilidade é deixar de tomar como base para análise exatamente essa enorme capacidade de reciclar e produzir biomassa, que chega a proporcionar uma média de 350 toneladas por hectare. No entanto essa metodologia revela que, para os que assim procedem, o solo deve ser visto sem a floresta. A isso chamo de desmatamento epistemológico.

Considere-se, ainda, que há uma generalização indevida de que os solos da Amazônia seriam do tipo laterítico. No Acre, por exemplo, 78% da área do estado têm solos do tipo podzólicos. Registre-se, também, que de 3% a 5% do território da Amazônia são várzeas, o que corresponde a cerca de 150 mil a 250 mil km², onde os solos apresentam-se favoráveis às práticas agrícolas.

Acrescentem-se ainda as terras pretas de índios, de alta fertilidade, encontráveis no Pará. Registre-se, também, que os caboclos em Rondônia se baseiam para a escolha das terras para seus roçados, que são antigas terras de cultivo indígena, geralmente onde existe o que chamam de *ouricuri*, que dizem ser as terras mais férteis. Há, ainda, os solos que se formaram a partir de decomposição de rochas vulcânicas. Enfim, os solos da Amazônia são, como disse uma camponesa de Mato Grosso, uma pele de onça, isto é, caracterizado por manchas de fertilidade e não de extensões contínuas com a mesma caracterização. Certamente uma conversa com os caboclos e índios muito acrescentaria aos estudos de agrônomos e pedólogos numa avaliação mais criteriosa de seu potencial.

A prática cultural de tradição europeia que vê a floresta como natureza que deve ser derrubada para dar lugar à agricultura tem levado à perda de milhões de toneladas anuais de seus solos e à perda de um patrimônio de biodiversidade inestimável.

O zoneamento econômico do espaço amazônico não tem sido feito com base nos seus ecossistemas, nem tampouco na diversidade cultural de suas populações. Ao contrário, a recente integração viária da região ao espaço econômico do centro-sul do país fez com que os parâmetros de valorização passassem a ser os dos preços dos fatores de produção no mercado nacional. Assim, a Amazônia, por ser a região mais afastada dos centros geográficos dinâmicos da acumulação de capital em território nacional, passou a ser a área onde as terras eram as mais baratas, devido à sua distância dos principais mercados. Assim sendo, as atividades que demandassem grandes extensões de terras apareceriam aos olhos daqueles que queriam incorporá-las à dinâmica de acumulação de capital como sendo as mais adequadas para o seu enriquecimento rápido. Não é de se estranhar, portanto, que a pecuária extensiva tenha se constituído na atividade mais racional do ponto de vista econômico no espaço amazônico. A contradição não poderia ser maior: a pecuária, que aparece como atividade economicamente mais racional numa perspectiva capitalista de curto prazo, se constitui num desastre ecológico e sociocultural pois, ao derrubar as matas, destroem-se as bases naturais da sobrevivência das populações, lançando-se nos rios os seus solos erodidos, perdendo-se material genético, perdendo-se com isso a base de múltiplas culturas.

AS ENERGIAS E AS MINERAÇÕES

A Amazônia nos últimos quarenta anos passou a atrair grandes capitais interessados em explorar o seu subsolo, sobretudo após as pesquisas efetuadas pelo Projeto Radam-Brasil que realizou o melhor levantamento até hoje na região, a partir da década de 1970. No Pará essas pesquisas foram realizadas com maior detalhe e nos revelou uma das províncias minerais mais promissoras do mundo nas proximidades da Serra (e nas terras) dos Carajás. Um complexo minerometalúrgico se estabeleceu para explorar o ferro, o cobre, o ouro, o caulim e a bauxita, esta, sobretudo nas proximidades de Oriximiná, no rio Trombetas.

Até essa época a riqueza mineral da Amazônia, desde os tempos coloniais imaginada como de grande potencial, estava restrita à Serra do Navio, no Amapá, onde as grandes reservas de manganês haviam sido concedidas pelo Governo Vargas a uma empresa norte-americana, desde os inícios dos anos 50. Hoje se sabe que o processo de formação sedimentar da Amazônia ensejou grandes depósitos de sal-gema, caulim, manganês, cassiterita e ouro (de aluvião), sendo que esses dois últimos minérios aparecem com destaque no rio Madeira, Rondônia, e no estado de Roraima, em território dos índios ianomami, e o ouro, em particular, na bacia do rio Tapajós.

O interessante a se observar é a mudança na composição social e na natureza dos minérios explorados na região: até 1969, cerca de 40% das descobertas de recursos minerais haviam sido feitas por garimpeiros e se constituíam de, sobretudo, ouro, diamante e cassiterita, excetuando-se as descobertas efetuadas pela Petrobrás de Sal-gema, no Médio Amazonas, e do petróleo e gás em Nova Olinda – AM, ambas em 1955.

De 1970 em diante, as descobertas se deram, sobretudo, por meio de pesquisas efetuadas por órgãos ou empresas governamentais, por grupos empresariais estrangeiros ou por associações entre esses grupos nacionais e internacionais, como é o caso da atuação da Cia. Vale do Rio Doce. Nesse período, e como demonstração da mudança no perfil dos que passaram a se interessar pela exploração mineral, ganhou destaque a exploração de ouro em Serra Pelada, onde os conflitos derivados da ocupação por cerca de 80 mil garimpeiros foram intensos, contra as empresas que queriam se apoderar dessa imensa jazida.

Observe-se que até 1969, com exceção da exploração empresarial de manganês por uma empresa norte-americana na Serra do Navio, no Amapá, a exploração mineral era uma das alternativas de pequenos produtores, ex-lavradores que perdiam suas terras e que exploravam o ouro e o diamante, produtos de elevado valor por unidade de peso e que, exatamente por isso, não demandavam infraestruturas complexas e pesadas. A partir de 1970 a exploração se volta para a produção de matérias-primas para fins industriais como o ferro, o cobre e a bauxita, além do caulim que serve para o branqueamento do papel, por sua vez, demandam uma complexa e pesada infraestrutura de transportes e energia e que se articulam de modo mais intenso com a divisão nacional/internacional do trabalho.

O Estado se fez fortemente presente nesses setores, além do já citado inventário das reservas com suas pesquisas e para isso contou com importantes aportes de recursos internacionais. Em troca foram feitas concessões a grandes grupos nacionais e internacionais, todos de fora da Amazônia que, acreditava-se, viriam trazer o desenvolvimento para a região.

Assim se configurou um aspecto de fragmentação da economia, da geografia e da sociedade amazônica, posto que se constituíram verdadeiros corredores de exportação, ligados diretamente aos polos dinâmicos da economia nacional e, sobretudo, internacional, consumindo seus minérios e energias e deixando um séquito de miséria e devastação. Com toda certeza aqui ficaram os rejeitos e foram exportados os proveitos.

A conexão desses projetos com a realidade sociogeográfica e ecológica preexistente só foi forte pelos efeitos perversos deixados no seu rastro. Populações atraídas para a construção das grandes rodovias e hidrelétricas logo viam no desemprego e na habitação marginal das principais cidades, ou na opção do garimpo, o seu destino. Ficaram os rejeitos do mercúrio da exploração do ouro e a lama vermelha da exploração da bauxita contaminando os rios, diminuindo a quantidade de peixes, que morriam envenenados. Ficaram ainda os imensos lagos barrados pela construção de hidrelétricas, cujo maior escândalo se deu no rio Uatumã ao norte de Manaus para a construção de Balbina. Inundações que tomaram terras de populações indígenas, caboclos e posseiros. E isso tudo, diga-se de passagem, com subvenções de dinheiro público, portanto de impostos, num claro uso privado de recursos da sociedade.

Sem impostos, já que esses capitais foram atraídos por sua isenção, os municípios e os governos estaduais pouco puderam fazer para exercer suas funções nas áreas de saneamento básico, habitação, transportes de massa, justiça, saúde e educação. A região onde está localizado o Programa Grande Carajás contrasta pela convivência, lado a lado, de tecnologias de última geração na extração, beneficiamento e transporte de minério e a mais abjeta miséria da população. Deveria servir de reflexão para todos aqueles que sabem da riqueza enorme de minérios que existe no subsolo das terras dos ianomamis e se o destino que queremos lhes oferecer é o mesmo que o presente revela para a população que vive junto ao majestoso Projeto Grande Carajás que, por essas mágicas do discurso, nos faz esquecer que a Serra dos Carajás tem minério e não mais os índios carajás que ali habitaram e que hoje vivem em apertadas e dispersas reservas ao longo do rio Araguaia.

A década de 1970 marcou não só o início da exploração empresarial de minérios. A crise da dívida externa, acentuada a partir da primeira crise do petróleo em 1973, e agravada com a segunda em finais daquela década, ensejou a que se atualizassem, na prática, antigos interesses e visões sobre a Amazônia. Os recursos minerais, que concretamente começam a se revelar imensos, passam a ser vistos como a salvação para o pagamento da dívida externa. O BIRD e o BID se encarregaram de oferecer o aval para a construção da infraestrutura de energia, com a construção de hidrelétricas, e de transportes, com a construção de rodovias, ferrovias e o porto de Itaqui no Maranhão.

Nesse contexto, o ouro passou a ter um interesse especial. A partir de então, mudou completamente o perfil do garimpo que, em pequenas proporções, sempre esteve presente na geografia regional no Amapá, em Roraima e no Pará. Empresas do sul do país, com as facilidades maiores de transportes e comunicações que a região passou a dispor, puderam se fazer mais presentes no fomento à exploração do ouro e do diamante. A enorme disponibilidade de mão de obra fruto da liberação de trabalhadores ao final das grandes obras para a construção de hidrelétricas e das estradas, do desemprego de outros tantos após a formação das fazendas, com a derrubada e queimada das florestas, da própria migração do nordeste e do sul do país – veio oferecer as condições para o desenvolvimento de um garimpo lúmpen-empresarial. Aquele garimpo tradicionalmente formado pela associação cooperativa de um determinado grupo de trabalhadores, que partilhavam em comum os resultados do seu trabalho, é cada vez mais substituído pelo garimpo do dono da pista de avião ou do dono da draga.

Localizados em regiões de difícil acesso não é difícil de se imaginar as condições em que tais atividades se desenvolvem com relação aos direitos básicos de cidadania para populações que legitimamente procuram ganhar suas vidas com a extração de minérios. Os números dos que se acham trabalhando nos garimpos variam de 600 mil a 1 milhão. Inscreve-se, assim, o garimpo entre as atividades que mais empregam trabalhadores na Amazônia. Considerando-se que o ouro, por exemplo, é um produto de elevado valor, é fácil concluirmos que o garimpo é uma atividade central na economia da Amazônia atual.

Assim como nos demais países amazônicos latino-americanos onde as condições ecológicas de transição andino-amazônica se prestam ao cultivo do epadu ou da coca, no Brasil o garimpo passou a atrair os capitais ligados à rede do narcotráfico. O ouro *limpa* o dinheiro *sujo* da droga.

Por tudo isso é forçoso reconhecermos que o garimpo, e todo o complexo de contradições que o envolve, se coloca estruturalmente no cerne da problemática amazônica. A condenação dos garimpeiros pelos danos que trazem ao meio ambiente chega a parecer piegas diante da complexidade dos problemas que envolve. Até porque, sem nenhuma dúvida, o mais fácil de resolver é a contaminação por mercúrio, ou o desbarrancamento e consequente assoreamento dos rios. Afinal, esses problemas são de ordem técnica e já existem soluções indicadas e viáveis. O que quase sempre está escondido por esse debate que privilegia a dimensão ecológica, e não a ambiental, é o conflito de diferentes grupos sociais pelo acesso aos recursos naturais onde, por exemplo, grupos empresariais procuram se apresentar como mais competentes tecnicamente para explorar os minérios sem contaminar os rios do que os garimpeiros.

Enquanto muito se comenta sobre a contaminação dos rios por mercúrio pela ação dos garimpeiros, pouca atenção se dá aos danos à saúde e ao meio ambiente provocados pelas grandes empresas de mineração de bauxita-alumínio. Para cada tonelada de alumínio são lançados no ambiente 15,5 toneladas de "lama vermelha", com óxido de ferro, silício, óxido de titânio, bicarbonato de sódio e soda cáustica, além de 2,5 a 3 kg de gases fluoríticos, estes já na fase de fundição de alumínio, que provocam calcificação nas juntas, nos ligamentos e na coluna, sem contar com os prejuízos à pesca, à agricultura e a toda população ao redor. Nada impede que os garimpeiros sejam apoiados por políticas públicas que lhes deem suporte técnico. Portanto, é preciso estarmos atentos para que não condenemos os garimpeiros com um discurso contra a poluição por mercúrio dos rios da Amazônia, com toda certeza um problema grave, se os garimpeiros não têm sido atendidos na sua demanda por políticas de apoio técnico para uma exploração não predatória.

TANTA TERRA, TANTOS CONFLITOS

A apropriação desigual das terras é um dos fatores mais importantes responsáveis por grande parte dos conflitos sociais que ocorrem no país e está na origem da desigualdade de poder político, econômico e de prestígio na sociedade brasileira como um todo. A Amazônia não foge a esta regra constitutiva de nossa formação social. O que causa estranheza é que os conflitos pela terra sejam graves numa região sempre apresentada como de vasta disponibilidade de terras e caracterizada como de densidade demográfica baixa. No entanto, com toda certeza, *há muita terra para pouquíssimos latifundiários*.

O Brasil, desde o período colonial, teve diferentes normas jurídicas que regularam a apropriação das terras que consagraram uma distribuição extremamente desigual. A primeira dessas regulações, ainda do período colonial, deu origem aos primeiros latifúndios, através da Lei das Sesmarias. As terras eram doadas pela Coroa aos fidalgos (*fi'd'algo*, isto é, *fi*-lhos *de algo*, em clara oposição aos filhos de ninguém que não recebiam terras. Essa relação entre o Estado e as elites dominantes tem sido uma das características mais marcantes de nossa formação política, em que o patrimônio público é usado para benefício privado, numa forma *sui generis* de privatização do que é público. A atual forma de concessão de canais de rádio e televisão é filha direta dessa tradição patrimonialista.

A segunda, a Lei de Terras de 1850, estabeleceu que só seriam válidos os títulos de propriedade que fossem adquiridos mediante uma operação de compra e venda. Como à época a população era constituída, em sua maioria, por escravos ou por brancos livres pobres, o acesso à propriedade mediante a compra ficou, evidentemente, restrito aos que já eram ricos e, no contexto, ricos eram, salvo exceções, os grandes proprietários de terras.

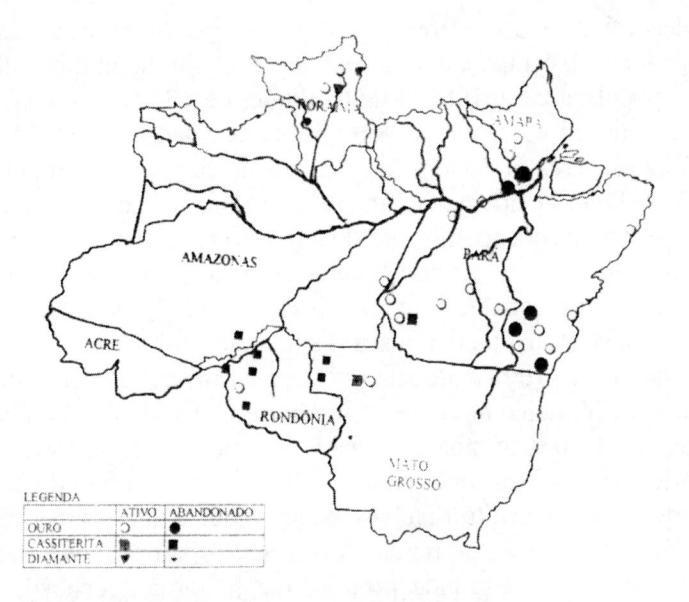

Os garimpos na Região Norte e Mato Grosso – década de 1980.

Em 1964, o governo militar instituiu o Estatuto da Terra, a terceira normatização do estado sobre o assunto, que, embora em seu corpo estabelecesse critérios que visavam a fortalecer a empresa rural e condenassem o latifúndio improdutivo, deixou-nos um legado de extrema concentração fundiária, além de consagrar a ideia de que uma grande propriedade modernizada era um objetivo a ser estimulado. No entanto é sabido que o suporte político civil do regime ditatorial sob tutela militar veio, em boa parte, dos setores que se colocavam contra as Reformas de Base do Governo Goulart, como a Reforma Agrária. Apesar das sugestões norte-americanas para que se estimulasse a formação de uma classe de pequenos produtores rurais a fim de se contrapor às Ligas Camponesas evitando, assim, uma possível aproximação dos camponeses aos movimentos operários ou de classes médias revolucionárias, como no caso cubano, o Estatuto da Terra baixado pelo regime ditatorial civil-militar teve mais um caráter de aplacar as gestões internacionais no sentido de tornar menos injusta a distribuição de terras no país do que de servir de base para uma política que fosse capaz de atenuar as injustiças sociais. As nossas elites políticas civis e militares agiram naquele momento do mesmo modo que agiram em 1826 no Congresso Nacional quando aboliram a escravatura e, logo após, engavetaram a lei. A memória popular nos lembra esse fato com o ditado "isso é para inglês ver". Pode-se dizer que o Estatuto da Terra de 1964 foi "coisa para americano ver".

Em decorrência disso o Brasil assistiu a um intenso processo de expulsão de trabalhadores do campo e a uma verdadeira revolução na distribuição espacial da sua população. Em 1960, dos 60 milhões de habitantes do país, cerca de 32 milhões estavam no campo e 28 milhões nas cidades. Em 2000, dos cerca de 170 milhões, cerca de 36 milhões estavam no campo e 134 milhões nas cidades. Não se conhece no mundo um país que tenha passado por mudanças tão profundas, em tão pequeno intervalo de tempo, ou seja, em quarenta anos.

É importante que salientemos que os cerca de 36 milhões que se mantiveram na área rural estiveram envolvidos em conflitos intensos ou tiveram que migrar constantemente em busca de um pedaço de terra.

Do Estatuto da Terra e dessas políticas agrícolas emergiu um conceito paradoxal e inteiramente novo de latifúndio produtivo que, na prática, revela um deslocamento nos termos do debate que, até então, se travava sobre a problemática agrária brasileira. Não se questiona mais o fato de uma grande extensão de terra se constituir na base de um modelo que assim será necessariamente de concentração de renda e de poder. A partir de então acredita-se que se for produtiva, a grande propriedade se torna abençoada e, assim, se conformou uma estrutura agrária moderna, e profundamente injusta socialmente. É a chamada modernização conservadora.

Se todas as propriedades tivessem a do Sr. Olacir Morais com seus 100 mil hectares de terra como modelo, o Brasil não precisaria de mais do que 4 mil grandes proprietários de terra o que, com toda certeza, pode produzir um grande empresário mas, decididamente, não constrói um país.

Se, de um lado, houve toda uma regulação das terras que consagrou o latifúndio como marca do nosso espaço agrário houve, por outro lado, uma história menos destacada que, também, é uma das marcas constitutivas da nossa geografia rural: a figura do posseiro, daquele que ocupa um pedaço de terra para garantir a sobrevivência de sua família. Esses camponeses, sem título formal de propriedade da terra, estão presentes em todo o território brasileiro.

É como se as elites, ao consagrarem legislações sobre a terra consolidando o latifúndio, tivessem se esquecido de revogar a Lei da Gravidade, pois, afinal, a população precisa estar em algum lugar. Esses posseiros, camponeses sem título formal de suas terras, quase sempre só podem invocar o direito de usucapião que, por sua vez, depende de injunções jurídicas a que quase sempre estão sem condições de fazer valer, por seu analfabetismo formal, até mesmo do reconhecimento formal como cidadãos (falta de documentos básicos de nascimento, carteira de identidade, por exemplo) ou por falta de condições financeiras ou materiais, como o afastamento dos centros urbanos onde são formalizados tais processos. Além disso, só se veem instados a obter esses documentos quando estão sob pressão de algum fazendeiro ou grande grupo empresarial. Nesses momentos se veem diante de um sistema judiciário profundamente influenciado por uma das heranças mais perversas de nossa geografia política que é o *clientelismo* político, que reforça o poder local desses grupos poderosos. Para essas elites, os trabalhadores podem ser, no máximo, beneficiados pelo *favor* de, por exemplo, morarem nas suas fazendas sob as condições que lhes são prescritas, mas jamais sendo vistos como portadores de *direitos*. São habitantes e mão de obra e não cidadãos.

A modernização conservadora posta em prática nesses últimos trinta/quarenta anos associada à crescente consciência e a lutas por direitos, seja por meio das Ligas Camponesas, antes de 1964, e depois pelo sindicalismo rural e urbano e, hoje, por meio de diversas entidades que organizam os sem-terra, fez com que essas relações tradicionais de sujeição no campo brasileiro diminuíssem. No entanto, a saída encontrada pelas elites, por uma modernização agrícola, manteve os trabalhadores na condição de sem-direitos que, no fundo, é o que está subjacente à condição de sem-terra, de sem-teto, dos sem-emprego, dos sem-escola, dos sem-saúde, dos sem-transporte, dos que moram em favelas que hoje não são exclusivas só das grandes cidades.

É sob esse pano de fundo que se deu a recente incorporação da Amazônia como fronteira agrícola. A abertura de estradas interligando a Amazônia com o centro-sul do país, via Brasília, ou ao Nordeste, pela Transamazônica, que a partir de Picos no Piauí se liga à Transnordestina, fez com que se encontrassem na Amazônia diversos "brasis":

- Os grupos empresariais, como o nacional Bradesco, a alemã Volkswagen, a italiana Liquifarm, entre outros, descobriram sua vocação pecuária e, com incentivos fiscais, se estabeleceram na região;
- Outros, com tradição latifundiária já estabelecida em Mato Grosso do Sul, São Paulo, Paraná, Rio de Janeiro e Minas Gerais, também incentivados por recursos públicos, resolveram se associar a essa nova fase do desenvolvimento que se expandia para a Amazônia.

No entanto, expulsos pela modernização conservadora agrícola, vários antigos colonos, meeiros e parceiros foram atraídos com a promessa de terras na região:

- De Minas Gerais, do Espírito Santo, da Bahia, assim como de vários outros pontos do Nordeste, saiu uma leva de despossuídos que foram aportar na Amazônia.
- Houve, ainda, o deslocamento de vários descendentes de colonos, filhos de imigrantes italianos e alemães, antigos pequenos proprietários familiares do sul do país que também venderam suas terras e demandaram à Amazônia vindos do Paraná, Santa Catarina e do Rio Grande do Sul.

- Outros, ainda, que há poucas décadas, nos anos 50, haviam se dirigido sobretudo do Nordeste para o Paraná e para São Paulo, com a frente pioneira do café, agora se dirigiam para a região amazônica.

Observa-se que a migração para a Amazônia não foi somente de diferentes lugares geográficos do país, mas também uma migração de diferentes sujeitos sociais: uns empresários, outros latifundiários, outros antigos pequenos proprietários que venderam suas terras para adquirir outras mais baratas e com maior extensão, outros, ainda, camponeses, pobres e sem-terra.

Na Amazônia esses diferentes sujeitos sociais encontraram diversas populações remanescentes do ciclo da borracha, caboclos ribeirinhos, populações indígenas com seus territórios imemoriais, populações negras que habitavam antigos quilombos. É como se quatro séculos de diferentes desigualdades sociais se encontrassem num mesmo espaço, a Amazônia. A região torna-se, assim, um espaço geográfico marcado pela complexidade, daí surgindo sua riqueza política, social e cultural.

Os conflitos pela terra ganharam contornos dramáticos, sobretudo ao longo dos eixos rodoviários, tornando a extensa faixa de terras da porção meridional da Amazônia uma zona de conflito, e o caráter de zona de fronteira de expansão capitalista ganhou a dimensão de um verdadeiro *front* de guerra. E assim foi concebido pelas autoridades do regime ditatorial civil-militar, particularmente os gestores territoriais militares que passaram a se ocupar diretamente dos órgãos relacionados à questão fundiária.

No Pará, pode-se verificar por dados estatísticos que os camponeses conseguiram, contra tudo e contra todos, manter sua proporção percentual de apropriação de terras entre 1970 e 1985, sob uma tensão que chegou a se expressar de forma abertamente militarizada, com forças regulares do Exército combatendo guerrilheiros reais e imaginários. Nessa região a Transamazônica é cortada pela Belém-Brasília sendo por isso uma área onde o acesso era maior e aí se encontraram um fluxo migratório de ricos fazendeiros do sul do país e mesmo do exterior e um fluxo migratório de pobres, além das populações indígenas e de caboclos que tradicionalmente aí faziam sua agricultura de subsistência, a coleta da castanha e outros produtos silvestres, além da pesca polivalente. Uns, como vimos, com aberto apoio oficial; outros, lançados à própria sorte.

A promessa de assentar 100 mil famílias ao longo dos 100 quilômetros de cada lado das rodovias postos sob jurisdição federal não conseguiu atingir mais que 10 mil famílias. E que tendo contado com a ajuda de capitais estrangeiros, amplamente disponíveis no mercado internacional e ávidos por se territorializarem, o governo federal se viu atado pelas restrições que se seguiram à crise do petróleo já em 1973. Passaram, então:

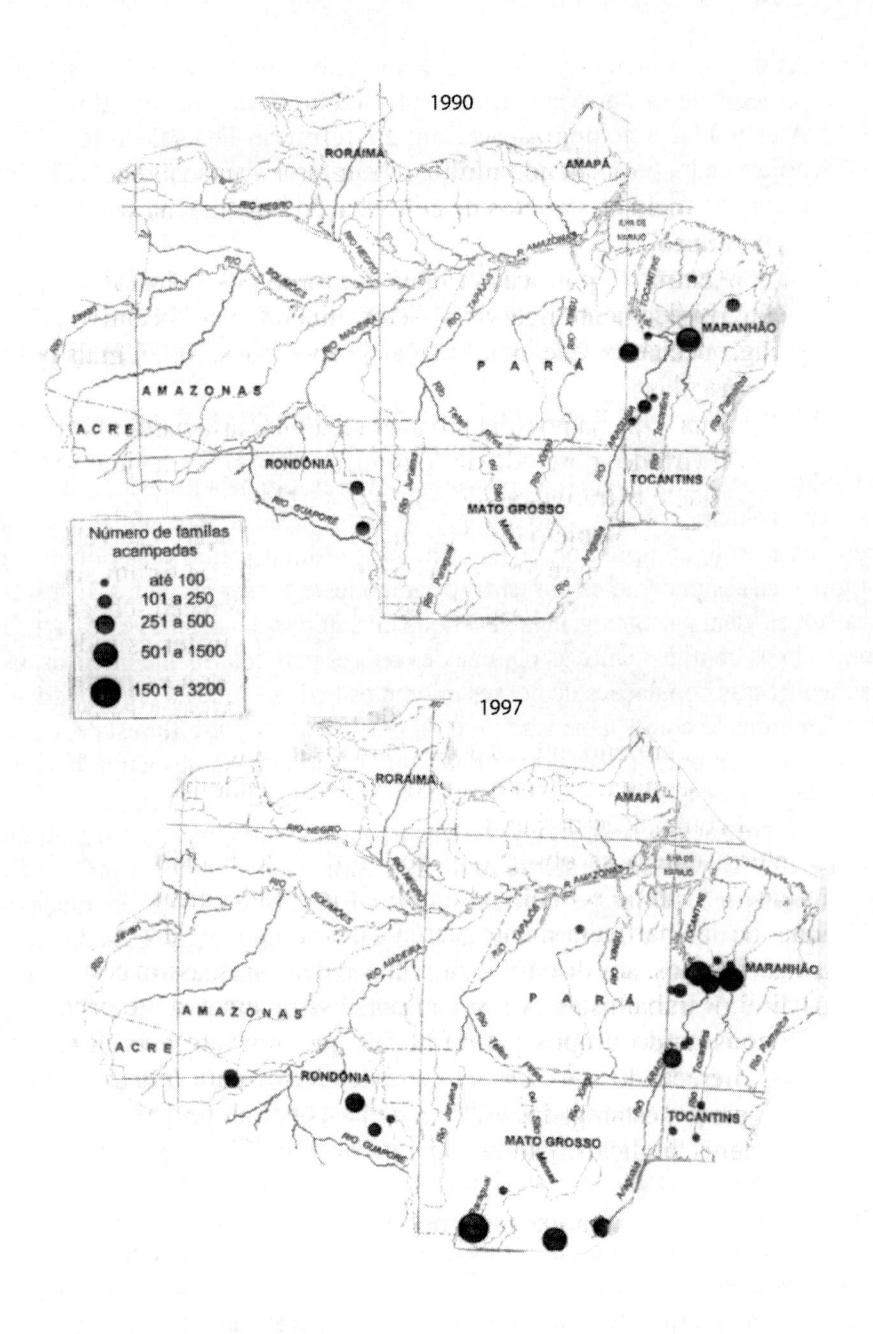

Ocupações de terra na área da Amazônia legal, 1990-1997
Fonte: *Atlas Nacional do Brasil*, IBGE, 2000.

- A concitar a iniciativa particular, como no norte de Mato Grosso, onde projetos de colonização privada passaram a ser implementados;
- A estimular a colonização do antigo Território Federal de Rondônia, hoje estado, propiciando um fluxo migratório intenso para a região em parte por meio de projetos de colonização oficial e, na sua maior parte, "espontâneo";
- A concentrar as políticas oficiais em torno dos Polos de Desenvolvimento, basicamente ligados ao setor mineral, e ao incentivo aos projetos agropecuários que, pelas razões já apontadas, foram mais pecuários que agrícolas.

A Amazônia – que já possuía uma herança fundiária particularmente problemática, em virtude sobretudo de suas terras não serem devidamente tituladas à medida que o extrativismo de produtos da floresta tinha a floresta e não a terra como principal objeto de exploração e apropriação – se verá diante de um verdadeiro rolo compressor, cujas principais vítimas foram suas populações originárias, assim como os posseiros e camponeses recém-chegados. Estes, por sua vez, se viam na contingência de ter que invadir terras indígenas e de caboclos tornando os conflitos entre as populações pobres particularmente intensos. Geralmente essas populações de pobres migrantes faziam o que na região passou a ser denominado como "amansar" a terra, pois, derrubavam a floresta e, em seguida, se viam pressionados a vendê-la ou, quando não, a desocupá-la com a ação de jagunços.

O interessante a se observar é que a ação do Estado, que se mostrou onipresente no campo econômico e militar, foi praticamente omissa em funções que lhe são particularmente inerentes, como no que diz respeito à segurança dos cidadãos, aos direitos e garantias individuais, assim como na garantia dos direitos trabalhistas. A justiça ficou, assim, um assunto privado, tendo até sido constituído grupos paramilitares que atuavam abertamente como empresas, oferecendo seus *serviços* a fazendeiros para *limpar* a área, com tabelas de preços estampadas publicamente com valores diferentes para assassinar líderes sindicais, padres, advogados e políticos ligados a entidades populares.

Assim, sem nenhum exagero, pode-se dizer que a ocupação recente da Amazônia está banhada no sangue daqueles a quem só restou a alternativa de uma resistência heroica. Se associarmos que esse processo se passava num contexto de regime ditatorial no qual, entre outros, se incluía a censura à imprensa, pode-se compreender as dificuldades por que passaram essas populações sem que pudessem divulgar as injustiças a que se viam submetidas.

Para os que lutavam contra esse modelo de ocupação se abatia, ainda, toda uma visão que a Amazônia cumpre no imaginário brasileiro de ser um vazio demográfico suscetível de ser objeto de ocupação estrangeira. Dessa forma os

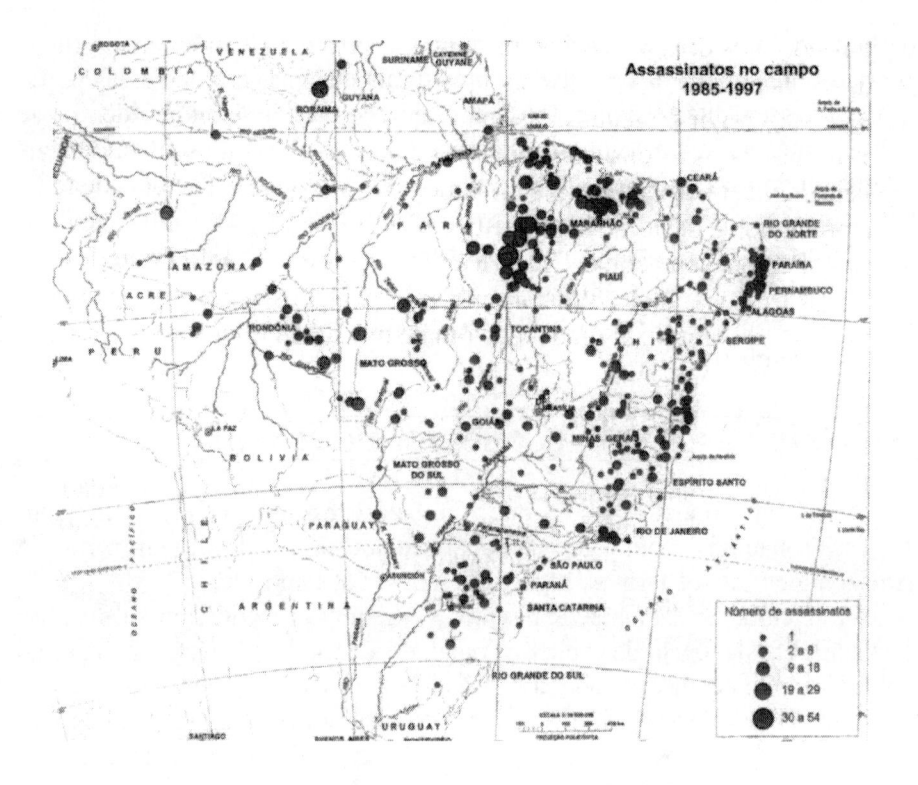

O mapa mostra os assassinatos no campo no Brasil entre 1985 e 1997.

que lutavam contra esse modelo eram vistos como que lutando contra o Brasil e não, como era de fato, travando lutas contra as injustiças cometidas.

E, aqui, revela-se toda a falácia do discurso nacionalista, posto que, ao mesmo tempo em que se falava em "integrar para não entregar", se faziam concessões a diversos grupos empresariais estrangeiros ou associados, sobretudo no setor mineral e de celulose, e se recorria ao Banco Mundial e ao aval do FMI para encetar tais políticas.

A imagem da Amazônia ganha, assim, um novo desenho de região marcada pela violência aberta e pela devastação de seus recursos naturais. As suas vastas porções de terras se viram apropriadas com todas as marcas da tradicional concentração fundiária que, na região, atinge níveis ainda maiores que no resto do país. Os novos migrantes pobres, seja do Nordeste, seja do centro-sul do país, se viram protagonistas de lutas pela terra que, no máximo, contaram com o apoio de setores da Igreja Católica, ligados à chamada Teologia da Libertação, ou de partidos políticos de oposição, à época na sua maior parte clandestinos. A criação de sindicatos de trabalhadores rurais deu ensejo a que essas populações fizessem suas reivindicações e, assim, conformassem uma identidade política, mesmo submetidos a constantes pressões, e vendo muitos de seus líderes sendo assassinados. Sem dúvida a esses movimentos se deve a resistência que fez com que o processo de devastação e injustiça não tivesse atingido níveis ainda mais intensos. Personagens como Chico Mendes, Expedito, Paulo Fontelles, Padre Josimo, os irmãos Canuto, Wilson Pinheiro são alguns que, com o sacrifício de suas vidas, tentaram fazer uma Amazônia e um Brasil diferentes.

A AMAZÔNIA: RESERVA ECOLÓGICA DO PLANETA

As recentes transformações que vêm se processando na sociedade tanto em escala nacional como internacional recolocaram o debate em torno da Amazônia em novos termos, sobretudo a partir dos anos 70.

De início a Amazônia se apresentou nesse novo cenário com suas velhas características de região de caráter colonial, dependente e periférica. Porções de seu território foram incorporadas à divisão internacional do trabalho como exportadora de matérias-primas e energia. Referimo-nos aqui em particular à exportação de pasta de celulose, como é o caso do Projeto Jari, em Monte Dourado no Pará e que se estende pelo Amapá; de bauxita no Projeto Alunorte, no Rio Trombetas, além do Grande Projeto Carajás, maior projeto de exploração mineral do país e que envolve a exportação de ferro, cobre, caulim e manganês.

A exportação dessas matérias-primas cumpria um papel extremamente importante no novo padrão de acumulação de capital do chamado milagre brasileiro, pois servia para o pagamento da dívida externa que se acumulava exatamente com o endividamento decorrente das obras de infraestrutura (estradas, hidrelétricas e comunicações), tanto na região (Rodovias Transamazônica, Cuiabá-Santarém e Cuiabá-Porto Velho-Rio Branco; Hidrelétricas de Tucuruí e Balbina; Ferrovia ligando as jazidas da Serra de Carajás ao Porto de Itaqui no Maranhão, a construção do próprio complexo portuário de Itaqui), como fora dela (a Hidrelétrica de Itaipu e Urubupungá, no rio Paraná; Ferrovia do Aço, ligando Minas Gerais ao Rio de Janeiro, Ponte Rio-Niterói) que, por sua vez, servia de base para os novos grandes investimentos de capitais no país.

A perturbação momentânea no fluxo de apropriação de mais-valia que ia em direção ao Primeiro Mundo, em virtude da ação dos países exportadores de petróleo através da Opep, em 1973, fez com que as estratégias das grandes empresas diante do mercado de energia fossem alteradas. A Amazônia passou a ser inserida nesse novo contexto como uma área de exportação de energia através da implantação de plantas industriais altamente consumidoras de energia, como é o caso das indústrias de beneficiamento de bauxita (minério de alumínio).

A energia subsidiada pelo governo brasileiro tornou-se um atrativo para os grandes investimentos estrangeiros que passaram a atuar em associação a grandes capitais nacionais, sobretudo originários do centro-sul do país ou estatais, como no caso da Companhia Vale do Rio Doce.

Desde o final dos anos 1960, as grandes empresas internacionais do ramo de papel e celulose, grandes consumidoras de água, energia e de biomassa vinham, também, redefinindo suas estratégias de localização não só em busca desses insumos mais baratos, mas também, procurando fugir da pressão que entidades ambientalistas do Primeiro Mundo faziam quanto ao seu caráter poluidor. Na época, a atitude do governo brasileiro era exatamente a de atrair essas empresas, tendo usado até propaganda em jornais no exterior, como uma feita no jornal *Le Monde*, em que convidava as empresas a virem poluir no Brasil. Não esqueçamos a tese defendida pelos representantes do governo brasileiro quando da Conferência da ONU sobre Meio Ambiente, realizada em Estocolmo em 1972, de que a pior poluição era a miséria. Portanto, as grandes empresas que para cá dirigiam seus investimentos não encontravam legislação restritiva quanto ao seu caráter poluidor. Foi, aliás, no embate contra uma dessas empresas, no caso a Borregaarde (hoje Riocel), nas proximidades de Porto Alegre, que surgiu o novo movimento ambientalista brasileiro que, pela primeira vez, se confrontava diretamente contra uma empresa.

Já em 1967 o Projeto Jari começa a pôr em prática uma iniciativa de produção de papel e celulose que se consubstanciou na implantação de uma gigantesca planta industrial em Monte Dourado no Pará, em frente a Laranjal do Jari (antigo Beiradão), fábrica essa que foi transportada por reboque de navio desde o Japão.

A inundação de imensas extensões de terras de camponeses, ribeirinhos e de comunidades indígenas para a construção de hidrelétricas; o consumo da biomassa da floresta seja como matéria-prima para fins industriais, seja como combustível; os desmatamentos por meio de queimadas para a implantação de grandes empresas pecuaristas subsidiadas davam conta do descompromisso desses investimentos com a realidade local, com a qualidade de vida das populações que nessas áreas viviam ou que nelas foram recentemente morar.

As denúncias do caráter devastador desse modelo de desenvolvimento que se impunha à Amazônia ganharam o mundo. De fato, a Amazônia foi inserida entre os temas de interesse do movimento ambientalista, tendo sido destacada a sua importância, como a maior extensão de floresta tropical do mundo, para o equilíbrio global do planeta, sobretudo no que diz respeito à dinâmica hidrológica.

No afã de afirmar a importância da Amazônia, até mesmo teses falaciosas, como a de que a região se constituía no pulmão do mundo, chegaram a ser invocadas. A Amazônia estava, assim, definitivamente inserida num novo debate internacionalizado, agora profundamente marcado pela ecologia.

Os setores beneficiados por esse modelo imposto à Amazônia, que eram seus protagonistas principais, viam essas críticas como uma ameaça e elegeram os ambientalistas como seus inimigos principais. Argumentos científicos chegaram a ser utilizados por esses setores, como os que contestavam a tese de que a Amazônia era o pulmão do mundo, para tentar desmoralizar os ambientalistas. Aqui, obviamente, o que menos interessava era a ciência, até mesmo porque aquele modelo que se implantara na região não era baseado em teses científicas, haja vista as enormes consequências no que diz respeito à erosão dos solos, da contaminação dos rios por rejeitos industriais e por mercúrio, à contribuição das queimadas para o efeito estufa, à contribuição da Amazônia para o equilíbrio climático, à enorme perda do patrimônio em biodiversidade, à destruição do enorme patrimônio cultural, todos devidamente comprovados cientificamente.

Já vimos que o caráter internacionalizado do debate sobre a Amazônia não é nenhuma novidade. As diversas estratégias postas em prática desde a presença colonial portuguesa, do Império e da República para consolidar o domínio territorial da Amazônia, sempre envolveram alianças geopolíticas, manipulando-se divergências de interesses entre as grandes potências internacionais.

A novidade agora é que ocorre uma *internalização* do grande capital internacional que, sob a tutela do próprio governo, se faz presente diretamente no interior do próprio espaço amazônico. O grande capital extrarregional, tanto nacional como internacional, não explora mais a região de fora, como até a década de 1960 se fazia, mas a partir de dentro. O grande capital nacional e internacional, sob os braços dos gestores tanto civis como militares encastelados no Estado brasileiro, e ainda nas instituições supranacionais como o Banco Mundial e o FMI estão implicados até a medula nesse modelo. O trabalho sujo foi deixado aos militares, entre eles o de, em nome da segurança nacional, massacrar guerrilheiros e famílias de camponeses, como no caso do Araguaia; ou às instituições do Poder Judiciário, que por ação ou omissão, tornou impunes os assassinos de lideranças sindicais que procuravam resistir às injustiças sociais inerentes ao modelo em curso. A Amazônia estava assim mais uma vez internacionalizada por cima, pelos de cima e para os de cima da hierarquia social. Essa é a real dimensão da internacionalização do capital internacional na Amazônia.

A outra diz respeito ao próprio caráter ecológico do debate que passa a enquadrar a Amazônia. A problemática ecológica indica uma das dimensões fundamentais da sociedade contemporânea, que é exatamente o seu caráter planetário. Desde o colonialismo, passando pela expansão imperialista, que o capital vem integrando às diversas partes do mundo. Já Karl Marx, no século passado, havia afirmado que o capital não tem pátria. O próprio desenvolvimento capitalista foi, portanto, ensejando uma incorporação progressiva das diversas partes do mundo à sua lógica de mercantilização generalizada de tudo e de todos. Nada mais materialista que essa integração. Dessa forma, e cada vez mais, o poder efetivo de definir os seus destinos começou a escapar das comunidades locais ou mesmo nacionais. Os problemas derivados dessa expansão, inclusive os ecológicos, começaram a manifestar-se como insolúveis nos marcos de cada estado nacional. O efeito estufa, o buraco na camada de ozônio, as chuvas ácidas, o equilíbrio climático do planeta, em que a Amazônia indubitavelmente cumpre um papel, se mostravam todos como problemas que exigiam um debate na escala pertinente, isto é, internacional.

O interessante de se observar, todavia, é que tendo a problemática ecológica emergido inicialmente no contexto da sociedade do Primeiro Mundo, acabou por incorporar certas marcas características dessas sociedades. Destaquemos, por exemplo, o fato de a desigualdade social ter sido relativamente amenizada nessas sociedades em virtude de reivindicações de sindicatos e outras entidades da sociedade organizada terem sido incorporadas por meio de políticas públicas. Em virtude disso a problemática ecológica aparece dissociada da questão social nos países do Primeiro Mundo. Nesse sentido a visão de ecologia predominante entre os ambientalistas do Primeiro Mundo é destituída de preocupações com a questão social. Nesse sentido, para o Primeiro Mundo a Amazônia interessa pelas suas implicações ecológicas (biodiversidade e efeito estufa, sobretudo) para o equilíbrio global do planeta.

A partir dessa visão começa-se a destacar a relação da Amazônia para o equilíbrio do planeta, descontextualizando a região dos seus respectivos estados nacionais. É como se procedêssemos a uma expropriação simbólica da região, tratando-a desconectada dos processos nacionais. Desse modo, essa visão de ecologia restrita deixa de captar os complexos processos socioeconômicos e políticos que estão subjacentes ao processo de devastação e que foram postos em ação a partir de determinações sociopolíticas tomadas fora da região, a partir dos centros politicamente hegemônicos no interior dos próprios países que exercem soberania sobre a Amazônia, interesses que se sobrepõem aos que vivem na própria região, que sempre instrumentalizam a Amazônia para afirmar interesses próprios, integrando-se aos dos centros hegemônicos no plano internacional. Já salientamos o suporte que as elites financeiras e industriais internacionais deram às elites nacionais para afirmarem uma determinada perspectiva de exploração da região.

Não podemos deixar de reconhecer que o modelo de desenvolvimento posto em prática na Amazônia a partir dos anos 1970 foi uma decisão soberana das elites brasileiras que, por decisão própria, recorreram, inclusive, aos capitais internacionais. Relembremos que, à época, o Brasil se encontrava sob um regime ditatorial e esses projetos não se achavam submetidos ao debate democrático da sociedade brasileira. Assim o poder soberano foi exercido por elites civis e militares à revelia da sociedade brasileira, particularmente da sociedade amazônica e, mais particularmente ainda, das suas populações originárias ou dos novos migrantes pobres que para a região se dirigiram. As elites nacionais contaram com o apoio das elites, sobretudo financeiras, do Primeiro Mundo. Assim, as responsabilidades pelas trágicas consequências que se abateram sobre a Amazônia cabem, sem sombra de dúvida, às nossas próprias elites políticas que deram sustentação ao regime ditatorial. No entanto, sabemos que essas elites políticas obtiveram o apoio de importantes segmentos das elites industriais, financeiras e políticas do Primeiro Mundo que, por isso, estão também implicadas nesse desastre.

Essa descontextualização da Amazônia dos seus respectivos países para apontar, por exemplo, a contribuição de suas queimadas para o efeito estufa, não deixa de se constituir numa forma de expropriação simbólica da região, pois nos habituamos a ver a região por suas implicações globais sem a devida mediação nacional, no caso mais que pertinente, pois, como vimos, a visão da Amazônia como vazio demográfico, como fronteira a ser ocupada, como reserva de recursos que viria nos redimir do subdesenvolvimento, foram tecidas no bojo de nossa formação social e a partir dos seus centros hegemônicos e não da Amazônia.

Quando da realização do Fórum Global que reuniu, em 1992, no Rio de Janeiro, organizações não governamentais e movimentos sociais, paralelamente ao encontro da ONU, para debater a relação Meio Ambiente e Desenvolvimento pudemos observar, no grupo que debatia a Convenção sobre as Florestas, as visões diferentes ainda dominantes entre ambientalistas do Primeiro Mundo e a realidade que se passa na Amazônia. Embora existam setores, tanto lá como aqui, que partilham as mesmas preocupações, ainda dominava uma nítida diferença de perspectivas. Vimos, por exemplo, a preocupação de vários ambientalistas do Primeiro Mundo para que se fizesse o monitoramento, via satélite e redes telemáticas, dos desmatamentos na região e uma forte resistência para que fossem incorporadas no documento final recomendações que dessem apoio às populações da região na sua luta contra os que derrubavam a floresta e que propugnavam pela democratização do acesso à terra nas demais regiões brasileiras, como forma de conter o fluxo de migrantes sem terra para a Amazônia. Desse modo víamos, de um lado, aqueles que tinham uma visão restrita da problemática ecológica, destituída de sua dimensão sociopolítica, predominante entre os ambientalistas do Primeiro Mundo e, de outro lado, aqueles que tinham uma visão mais complexa dessa problemática, quase sempre os diretamente envolvidos com a região amazônica.

O debate ecológico em torno da Amazônia tem se revelado extremamente tenso e contraditório. Setores conservadores da sociedade brasileira, entre eles os ligados ao estamento militar, se apresentaram com suas velhas cartas. Entendem que se trata de uma ingerência indevida nos negócios internos brasileiros. A questão da soberania nacional aparece a partir desses setores com toda força no debate. Outros setores, ainda ligados ao modelo que vinha sendo imposto à região, entre eles os pecuaristas, os madeireiros e os da construção de hidrelétricas e abertura de estradas, se associaram em coro contra os ambientalistas argumentando que estes se colocavam contra o progresso e o desenvolvimento. O debate atingiu o seu auge nos anos de 1987 e 1988, exatamente quando no Brasil se discutia uma nova Constituição, e os grandes empresários se apressaram em realizar desmatamentos para assegurarem suas propriedades, posto que pela legislação então em vigor essas práticas eram reconhecidas como benfeitorias e, assim, se colocavam a salvo de uma possível legislação fundiária que destinasse as terras improdutivas para uma reforma agrária.

As denúncias internacionais a respeito dos desmatamentos na Amazônia foram estampadas em todos os grandes jornais do mundo. Em 22 de dezembro de 1988, o líder seringueiro Chico Mendes foi brutalmente assassinado, não sem antes ter sido acusado pelos setores conservadores de estar a serviço de agentes internacionais e contra o progresso da sua região. Assim como no século XIX se acusava de ingerência externa as pressões para que fosse abolida a escravatura, hoje se fala de ingerência externa nas questões de direitos humanos.

E aqui se abre uma importante questão, radicalmente nova no debate que se trava sobre a Amazônia. O movimento ambientalista, ao colocar a floresta como objeto de preservação, abriu uma importante brecha política para as populações amazônidas. Elas, que tinham por habitat a floresta, encontraram entre os ambientalistas importantes aliados para expressar suas reivindicações. Assim, pela primeira vez na história, os "de baixo" da Amazônia puderam estabelecer relações com setores sociais de fora da região buscando mostrar suas demandas e reivindicações. Foi assim que Chico Mendes emergiu como uma importante personalidade política, como líder de base sindical seringueira. Seguiu, de perto, os passos que algumas lideranças indígenas já vinham tentando esboçar, como Kubey e Payakan, nos inícios dos anos 80, que haviam acompanhado o antropólogo Darell Posey, norte-americano radicado no Pará, numa viagem aos Estados Unidos para denunciar os males que a construção das hidrelétricas de Tucuruí e as planejadas hidrelétricas do Complexo Babaquara-Kararaô viriam trazer às suas comunidades. A resposta dada pelo governo brasileiro a essa atitude foi a de enquadrar Darell Posey na Lei de Segurança Nacional. À mesma época Chico Mendes respondia também a processo com base na mesma lei, acusado então de fazer parte do assassinato de um fazendeiro que, antes, havia estado envolvido no assassinato da mais importante liderança sindical do Acre, o presidente do Sindicato dos Trabalhadores Rurais de Brasileia, Wilson Pinheiro, organizador de ações contra as empresas que desmatavam no estado, por meio de ações coletivas chamadas Empates.

Não deve nos escapar, ainda, que as transformações tecnológicas as quais têm servido de suporte a essa verdadeira reorganização societária em curso no mundo atual também contribuíram para recontextualizar as relações entre os diversos segmentos sociais com relação à Amazônia. Referimo-nos aqui, em particular, ao setor de biotecnologia que tem interesse na riqueza da diversidade genética da Amazônia. Sua importância, sobretudo para a produção de remédios, acaba por valorizar o saber das populações originárias como fonte de informação. Por essa brecha as populações amazônidas encontraram um canal de diálogo para expor as suas reivindicações, nem sempre compatíveis com os das grandes empresas do setor de laboratórios químicos, como no caso do reconhecimento dos direitos à propriedade intelectual e patentes sobre as espécies que utilizam na sua rica medicina tradicional e outros usos.

Hoje, pode-se dizer que o interesse ecológico do Primeiro Mundo sobre a Amazônia tem se voltado para o seu rico patrimônio genético e à sua contribuição para o efeito estufa provocado pelas queimadas. O que, com certeza, não estava nas previsões desses interesses era a emergência de movimentos sociais vindos de setores tradicionalmente marginalizados da Amazônia, entre eles índios, seringueiros, populações ribeirinhas e mesmo de camponeses que recentemente migraram para a região, que souberam se articular e se inserir nesse debate quebrando o privilégio, até então exclusivo das elites, de estabelecerem articulações internacionais para viabilizar seus projetos. Aqui sim há algo de radicalmente novo. De fato, uma das características do processo de reorganização societária em curso no mundo é que o monopólio das relações internacionais não é mais do Estado nem, tampouco, dos "de cima"

Essas populações se apresentam hoje com a autoridade de quem resistiu ao modelo devastador; de quem tem o saber sobre a floresta porque têm nela o seu habitat. Buscam hoje, nos setores da sociedade civil do Primeiro Mundo, o apoio para a sua luta por direitos individuais básicos, como o direito à vida, assim como outros direitos de cidadania já relativamente estabelecidos no Primeiro Mundo. Fazem assim da ecologia um trunfo no seu diálogo em busca de direitos e de justiça social, mostrando que o processo de globalização pode ter uma outra cara, posto que, do ponto de vista desses protagonistas, deve incorporar também a extensão de direitos e de justiça a todos de todo o planeta.

Aqui, não há dúvida de que se apresentam quase sempre contra setores das elites tradicionais de seus próprios países, responsáveis por uma inserção nos mercados internacionais, desde os tempos coloniais, tendo na exploração acentuada do trabalho e dos recursos naturais a chave dos preços competitivos de seus produtos.

Como se vê, as populações originárias da Amazônia se inserem assim de um modo novo, participando como protagonistas ativas na construção de uma nova ordem internacional na qual justiça social, cidadania e ecologia se mostram como valores básicos. Este fato, imerso em uma sociedade em que os "de baixo" foram sempre excluídos da cidadania, não deixa de se fazer de modo extremamente tenso e contraditório.

A AMAZÔNIA COMO REGIÃO ATRASADA

No mapa imaginário do mundo ocidental vimos como a Amazônia foi se colocando como o outro da cultura – a natureza; o outro da modernidade – a tradição. Vejamos agora uma outra versão derivada dessa localização da Amazônia no mapa mental dominante.

Trata-se do discurso do atraso da região. Essa caracterização parece evidente por si mesma e traz em seu bojo a necessidade implícita do seu contrário, ou seja, de se modernizar. Esse modo de colocar as coisas nos seus lugares revela muito mais a respeito de quem faz essa caracterização do que a respeito da realidade da região.

Em outras épocas o cruzadismo teve como justificativa converter os infiéis. Verdadeiras guerras santas foram levadas a efeito para evangelizar, catequizar, enfim, para fazer com que outros fossem elevados a um padrão que se acreditava superior e que devia se estender universalmente sobre toda a humanidade. Na verdade, a diferença entre os povos era convertida em uma hierarquia na qual os ocidentais, brancos, burgueses e de tradição judaico-cristã se colocavam como superior.

Podemos dizer que a ideia de progresso, de desenvolvimento ou de modernidade são uma atualização dessa tradição. Os outros são definidos como estando aquém de um determinado padrão que se coloca como referencial. A Amazônia como região catalogada como atrasada sofre os efeitos desse modo de definir, de marcar, de dar sentido ao mundo.

Ao contrário do que normalmente se afirma a respeito do atraso da região amazônica, sustentamos que a região é, na verdade, resultado das vicissitudes históricas do processo de modernização que se deu ao longo de sua formação geográfica.

É que a modernidade é um processo intrinsecamente contraditório quando social e espacialmente considerado. Se por mundo moderno entendemos, como o fazem os historiadores, o processo que se põe em curso a partir do século XVI, é coerente que consideremos o colonialismo sua primeira expressão na conformação histórico-geográfica do mundo. O colonialismo teve no mercantilismo seu móvel fundamental. É preciso, portanto, considerar que dois mundos interligados contraditoriamente passaram a ser constituídos: de um lado o mundo da metrópole, onde se afirmava o lado positivo desse processo de modernização, onde a riqueza se acumulava; e, de outro, o mundo colonial, onde se estabeleciam as empresas, em cada momento histórico específico, modernas, que escravizava negros e nativos, que se constituía como polo negativo dessa mesma modernidade.

Há um consenso entre os estudiosos a respeito do fato de que a exploração colonial cumpriu um papel decisivo para a acumulação de capital que viria se constituir na mola mestra da Revolução Industrial, a partir do século XVIII.

Desse modo não podemos desconsiderar que a modernidade se desenvolveu criando padrões de organização socioespaciais desiguais, havendo uma unidade nos seus polos contrários.

Por outro lado, mesmo os polos sociogeográficos positivos da modernidade variaram ao longo do tempo. As potências mais modernas no período inicial da expansão mercantil colonial foram Portugal e Espanha, secundadas pela Holanda. A partir de finais do século XVII, esse polo começa a se deslocar para a Inglaterra e para a França. Em finais do século XIX, outros países começam a se afirmar no cenário das grandes potências mundiais, com destaque para os Estados Unidos da América, a Alemanha e o Japão. O interessante é que, embora variasse o polo geográfico onde a modernidade se afirmava de modo positivo, o resto do mundo, sobretudo a América Central e do Sul, a África e a Ásia não nipônica, era visto, por eles, como espaços coloniais onde se buscava suprimento de matérias-primas e alimentos e tidas como atrasadas.

É importante salientar, como faz o historiador Edgar de Decca, que as primeiras manufaturas modernas não surgiram na Europa, mas sim nos engenhos de açúcar no Brasil. Que o mesmo Brasil tinha a maior renda *per capita* do mundo no século XVIII, posto que era aqui que se produzia em maior quantidade o ouro. Se essas condições não foram suficientes para desencadear um processo de desenvolvimento autossustentado isso se deveu às razões de ordem política intimamente ligadas ao estatuto colonial. Basta citar a proibição pelo regime colonial português de que se implantassem manufaturas em sua colônia no Brasil, com o explícito argumento de que ela se tornaria praticamente autônoma.

Como se vê, o atraso é um produto da modernização e, assim, é uma categoria inerente a ela. Se considerarmos, ainda, que o padrão de modernização europeu coloca a tecnologia como um parâmetro central e, ainda, movido por valores de concorrência e competição, daí resulta que uma dada região em um contexto aparece como polo de modernidade, logo a seguir pode aparecer como perdendo essa posição e aparecer como atrasada relativamente a um novo polo. Basta olharmos a posição de Portugal e Espanha diante da Inglaterra e mesmo diante dos Estados Unidos hoje.

Isso pode ser observado também nas regiões dependentes, coloniais e periféricas que podem ver parte de seus territórios incorporados e subordinados em um determinado momento do processo de atraso-modernização, para logo a seguir serem abandonados. Assim, de polos negativos da modernidade essas regiões podem vir a ser simplesmente descartadas para, num momento seguinte, passarem a ser vistas, novamente, como atrasadas, necessitando ser (des)envolvidas. Esse é bem o caso da Amazônia.

A Amazônia é, na verdade, um dos muitos lados da modernidade. Foi a modernidade que criou os primeiros fortes militares na Amazônia; que saqueou suas entranhas para retirar as "drogas do sertão"; que destribalizou os índios, aldeando-os e desespiritualizando-os. Foi a modernidade que reinventou a escravidão com Pombal. Foi a modernidade que se apropriou das "bolas que contrariavam a lei da gravidade", como a ignorância de um moderno colonizador se expressou a respeito da borracha, lhes deu outros múltiplos usos, com destaque para a indústria de pneumáticos, parte do símbolo maior do individualismo do mundo moderno: o automóvel. É hoje a modernidade que devassa o seu subsolo para extrair seus minérios; devasta suas florestas com o auxílio do fogo, da indústria química, de tratores, motosserras e correntões, além de barrar os seus rios para produzir energia e, assim, aumentar sua capacidade no trabalho de revolver suas entranhas.

A Amazônia sempre foi ocupada e explorada pelo que havia de mais moderno em cada momento histórico. Já foi moderna, inclusive, a implantação da escravidão em pleno século XVIII, quando os ideais de liberdade se disseminavam na Europa pelos iluministas. O Iluminismo de Pombal, ao contrário, trazia a escravidão.

A modernidade busca permanentemente o (des)envolvimento, isto é, procura quebrar o envolvimento, a coesão interna de povos e regiões, submetendo-os à sua lógica de produzir-produzir com uma distribuição desigual da riqueza. Dissocia o lugar de produção do lugar de consumo, ao dissociar, também, quem produz a riqueza de quem dela se apropria. Com essa lógica de transformação permanente, desigual no tempo e no espaço, os diferentes povos e suas regiões estão sempre sendo atualizados no seu "atraso", precisando ser novamente (des)envolvidos.

Seríamos simplistas se considerássemos que são exclusivamente os "de fora" da Amazônia os únicos responsáveis por esse processo de permanente desorganização/reorganização, de recontextualização do atrasado e do moderno. Não há região ou país colonial, dependente ou periférico, que não seja, ao mesmo tempo, uma região ou país onde as elites dominantes vivam essa ambiguidade de buscar uma identidade própria e, ao mesmo tempo, manter uma mentalidade colonizadora. No início do processo de dominação, é fácil verificarmos que os que vêm para essas regiões dependem, sobretudo, do apoio que recebem das elites dos países colonizadores, até porque são eles mesmos os protagonistas da expansão.

No entanto, mesmo após a independência desses países, suas elites costumam agir com uma mentalidade muito próxima dos valores ditos *modernos*. Isso se torna ainda mais agudo quando uma determinada região se coloca de modo subordinado na composição política do bloco de poder do novo país, como é o caso da Amazônia. Suas elites têm os olhos mais voltados para fora, para o polo moderno do qual dependem, voltando as costas para a realidade social dos "de baixo", tidos como atrasados. Parecem carregar a triste sina de buscar entre os mais fortes o apoio para se manter no poder, como se possuída por um pânico constante de se verem apeadas do poder pelos "de baixo".

No caso brasileiro, a independência conseguiu manter a integridade territorial da antiga colônia e ainda incorporar a Amazônia que, como sabemos, tinha uma administração própria por parte da metrópole portuguesa. Todavia, sabemos, com a ajuda dos historiadores, que o pacto que manteve unido o território brasileiro foi, sobretudo, a manutenção da escravidão, e foi em torno desse pacto que foi criado o Império. Sabemos, ainda, que faltava uma efetiva integração viária que articulasse as diferentes porções do território do país recém-independente o que, evidentemente, fazia o império uma expressão de claro uso para exportação.

Assim, as elites dominantes regionais, colocadas de modo marginal e subordinado, não viverão para suas regiões, mas para atender demandas externas que, por sua vez, é a forma encontrada pelas elites para manter vínculos com o polo moderno do qual, em última instância, tal como no período colonial, dependem para se manter onde e como estão. Constituem-se, desse modo, em importantes elos da conformação sociogeográfica do mundo moderno e contemporâneo. Não são vítimas da dominação, mas protagonistas ativos dela. Procuram atender às demandas do mercado, que no fundo são as suas demandas de enriquecimento, à custa de uma intensa exploração do patrimônio de recursos naturais e das populações, forjando assim o mecanismo fundamental para tornar competitivos seus produtos.

A Amazônia nos últimos trinta anos tem experimentado uma nova fase desse processo, que parece eterno, de *atraso-modernização*. Das experiências anteriores permanece a exclusão social e a dilapidação do seu rico patrimônio de recursos naturais e culturais, agora intensificados, posto que se dispõe de recursos tecnológicos mais modernos, isto é, como sempre atualizados. O que temos de novo, pós anos 60, é a captura, que parece definitiva, do espaço regional amazônico pelo centro-sul do país, num contexto no qual este se acha profundamente permeado pelo processo de mundialização em curso.

As elites regionais buscam formas de se recontextualizar na nova divisão nacional-internacional do trabalho e, assim, plasmar uma organização social do espaço na qual estejam aliadas aos novos ditames da modernização/atraso. Até os anos 1960 eram basicamente as elites político-burocrático-administrativas, o capital comercial das Casas Aviadoras e os latifundiários tradicionais, pecuaristas, de cana-de-açúcar ou cacau e/ou extrativistas que comandavam o processo de organização social do espaço regional amazônico.

A partir dos anos 1960, por uma decisão tomada basicamente no centro-sul do país, e revelando aquele caráter por nós salientado de inserção subordinada das elites amazônicas no bloco do poder dominante do país, o grande capital nacional e internacional irá disputar, palmo a palmo, a apropriação dos seus recursos naturais.

A Amazônia entra assim numa nova fase, ela que já conhecera tantas, no seu permanente processo de *atraso-modernização*. A modernidade de ontem, expressa na infraestrutura urbana de Manaus e Belém, no navio a vapor, na modernização dos portos à época do apogeu da borracha, aparece agora como atrasadas. A região precisa ser novamente (des)envolvida, segundo os parâmetros do novo que, no fundo, são novas formas do mesmo, do velho.

AMAZÔNIA: OS ÍNDIOS E A INTEGRIDADE DO TERRITÓRIO NACIONAL

"Matar nunca, morrer se preciso for". A frase enigmática podia ser vista às vésperas da Conferência da ONU sobre Meio Ambiente e Desenvolvimento, em 1992, em um seminário sobre a Amazônia na Escola Superior de Guerra. Era difícil entender como uma instituição militar escolhera exatamente esse *slogan* "matar nunca, morrer se preciso for" para receber um público amplo, tendo em vista que o Seminário era aberto para além dos círculos militares. A frase estava lá, no entanto, estampada com todas as letras, num painel acima da cabeça de cada conferencista e palestrante. Podia ser um engano. No entanto, qual não é a surpresa quando a vemos estampada novamente na revista *Nação Brasil* (edição 117, jan/fev 2000). O enigma talvez comece a se decifrar quando à frase vemos, sempre, associado o nome do seu autor, o marechal Cândido Rondon. E todo o enigma parece se desfazer completamente quando se percebe que a frase do marechal Rondon só teria sentido se fosse "matar um índio nunca, morrer se preciso for", como parece ter sido dita pelo marechal. O interessante é que o que o excluído da frase foi, exatamente, o índio e, assim, a oração revela mais no que não diz do que no que explicita. Matou-se o índio, também, na frase.

Não é sem porquê que esses atos falhos são cometidos. Na conformação da nossa estruturação territorial, as populações indígenas ocupam um lugar ao mesmo tempo central e contraditório. As recentes comemorações dos quinhentos anos de invasão ou de descobrimento, dependendo do lado que nos coloquemos, são disso demonstrações inequívocas.

Em torno da problemática indígena, em particular na Amazônia, se atualiza a tradição histórico-cultural que conforma nossos corações e mentes. Parece que agora, quando o Brasil reuniu as condições materiais de desenvolvimento das forças produtivas capaz de nos fazer explorar os imensos recursos naturais que essa mesma história nos legou, quando, enfim, o futuro teria chegado, a problemática indígena atualiza-se a história.

As populações indígenas têm um lugar extremamente significativo na imagem que se faz da Amazônia. Não pela visão que as diferentes populações indígenas têm de si próprias, de seus territórios imemoriais, do Brasil e do mundo que, diga-se de passagem, não é veiculada a não ser pelo trabalho de alguns antropólogos e indigenistas. A própria caracterização dessas populações habitantes tradicionais da região como índios esconde a enorme diversidade de culturas que comportam. As diferenças entre um tikuna e um kayapó só não são significativas para aqueles que estavam interessados mais em evangelizá-los do que em considerá-los em sua integridade. O termo "índio" tem o mesmo poder distintivo que chamar de europeu ou de branco ao sueco ou ao italiano e, entre esses, a um burguês, a um operário ou a um camponês.

Destaquemos, logo de início, que essas populações já habitavam a região milhares de anos antes da chegada dos colonizadores europeus e, portanto, antes dos recortes territoriais que estes vieram sobrepor aos seus territórios ancestrais. As linhas demarcatórias dos Estados Nacionais, que sucederam ao domínio colonial, dividiram povos que, assim, se viram fracionados territorialmente. Os casos dos ianomami, nos dois lados da fronteira brasileiro-venezuelana; dos tikunas, na fronteira brasileiro-colombiana e dos kampa, na fronteira brasileiro-peruana-boliviana, são expressões dessa herança dos tempos coloniais que ainda perduram.

Essas populações se viram como parte de conflitos que não geraram e existentes em função da afirmação da soberania dos Estados Nacionais – formados, aliás, pela apropriação de seus territórios. Estão assim envolvidos em questões relativas à soberania, ao sabor de conveniências que, muitas vezes, estão longe de compreender.

Ao longo da história o contato, a amizade ou, simplesmente, a submissão dessas populações por meio da catequização ou evangelização e a imposição da língua se constituíram em poderosos instrumentos de afirmação do domínio territorial. Portugal, por exemplo, fez, particularmente na Amazônia, das missões religiosas um instrumento da sua política de dominação territorial. Ter o domínio sobre uma determinada população indígena legitimava o domínio territorial perante o concerto dos demais estados.

Sendo assim, não só Portugal, mas as demais potências colonizadoras, como a Holanda, a França e a Inglaterra, além de Espanha, imprimiram suas marcas na geografia política da Amazônia. O mapa atual da América, particularmente na Amazônia, registra a presença dessas cinco potências conquistadoras que deixaram suas marcas (grafias) naquelas terras (geo).

A Inglaterra, por exemplo, quando concitada, no final do século XIX, a debater seus limites na antiga Guiana Inglesa com o Brasil, usou abertamente de um argumento prenhe de artimanhas ao propugnar que uma extensa faixa de terra fosse deixada para posterior definição alegando que ali habitavam "índios livres e independentes". Observe-se que a liberdade dos indígenas, isto é, o fato de ninguém ter estabelecido um domínio efetivo sobre eles, é suficiente para que um Estado Nacional, no caso a Inglaterra, invoque a não soberania de quem quer seja sobre aquele território.

Não foi uma exceção esta posição do governo colonial inglês. O que se configurava era exatamente a regra de que o domínio sobre uma determinada população indígena servia de base para afirmar a dominação territorial, a soberania. As populações indígenas podiam, desse modo, ser usadas na definição dos limites territoriais podendo, eventualmente, uma ou outra das potências conquistadoras, ou dos estados nacionais que lhes sucederam, sem exceção, se apresentar como estando ao seu lado, alegando diversos argumentos, até mesmo os de que eram livres e independentes, como o caso inglês citado.

Assim, o que nos é apresentado como "questão indígena" é menos uma questão dos índios do que dos brancos colonizadores por afirmar sua hegemonia sobre esses territórios e sobre essas populações. Não é sem razão, portanto, que os problemas se apresentem mais agudos hoje, exatamente nas chamadas regiões de fronteira, até porque, como vimos, um dos recursos que as populações nativas usaram foi o de se refugiar nos altos cursos dos rios, fugindo à dominação que os diferentes colonizadores lhes tentavam impor. Como a Amazônia é uma região periférica e marginal no interior de todos os países que exercem soberania sobre ela, somente nos últimos anos, com a tentativa de incorporação mais efetiva – inclusive física – desses territórios, a problemática indígena, que já era histórica, se torna atualizada e aguda.

Dessa herança cultural e política dos brancos nos chegou uma determinada visão de que os índios não são confiáveis para a afirmação da nacionalidade. Ora se apresentam como aliados, ora como traidores. Ou, ainda, como se fossem crianças que ficam ao sabor de quem lhes oferece uma bala ou espelho. São ingênuos e por isso devem ser tutelados. Toda a questão passa a ser, então, quem fará a tutela.

Não se admite, por exemplo, que, do ponto de vista dos próprios indígenas, se aliar a um ou outro, num determinado contexto, pode ser a única forma de se livrar do opressor do momento. Qualquer diplomata ou membro da alta hierarquia militar sabe o que isso significa em determinadas circunstâncias de guerra. A própria elite brasileira se viu forçada a buscar o apoio inglês para efetivar a incorporação da Amazônia, em 1835. Durante a Cabanagem foram usadas forças estrangeiras para debelar a rebeldia dos amazônidas contra o Império. Mesmo Portugal não se cansou de buscar o apoio inglês contra as pretensões francesas na Amazônia. Os militares, recentemente, também não se cansaram de atuar em aliança com os EUA para combater os comunistas reais e imaginários.

Todo o problema parece residir, portanto, no fato de as populações indígenas não terem se constituído como Estado. Sendo assim, essas populações não são vistas como portadoras de direitos internacionais que, sabemos, consagra os direitos dos Estados Nacionais, desde o século XVII, pelo Tratado de Westfallia. E mais importante ainda é considerarmos *que a organização estatal não se coloca no horizonte cultural dessas populações.*

Em depoimento recente um militar corrobora nossa tese de que os indígenas não têm a pretensão de se elevar à condição de Estado. Diz-nos que:

Em São Gabriel da Cachoeira (AM), onde os índios são maioria da população (...) o Exército preferiu as forças locais, acostumadas às operações na selva, para exercerem funções de combate e, sobretudo, para guiarem as expedições e incursões na mata, onde são indispensáveis e mais valiosos que a bússola (sic).
Segundo os comandantes da área, são ótimos soldados, porque incorporam o espírito guerreiro, importante valor da cultura indígena. *São simples soldados que não têm pretensões de alcançar patentes mais elevadas.* Trabalham por alguns anos no exército, recebem seus salários, de aproximadamente R$ 500,00, e *retornam às suas comunidades, fiéis às suas origens, costumes e tradições* e enriquecidos no amor à pátria, no civismo e na cidadania. (revista *Nação Brasil*, nº 117, jan./fev. 2000, p. 15. Grifos do autor).

Os índios, no entanto, se acham em meio a um debate de brancos, que envolve exatamente um dos pilares da organização das sociedades ocidentais modernas, que é a soberania do Estado Nacional Moderno.

Assim, a história da dominação colonial, particularmente (mas não só) na Amazônia, fez com que a questão indígena ficasse imbricada na questão nacional e, deste modo, com que as populações indígenas não fossem vistas a partir de suas demandas, mas por um enfoque do Estado, como que apresentando riscos para a soberania nacional.

Assim, por serem "atrasados", incapazes de afirmar a soberania nacional, forma moderna com que se reveste o Estado, a imagem que se tem das populações indígenas contribui fortemente para conformar a imagem da Amazônia. A afirmação nacional é assim uma afirmação sobre (contra) os indígenas. Sob esse manto se escondem todos aqueles que querem expandir seus negócios sobre terras indígenas. Suas práticas, acreditam, estão eivadas de um caráter civilizador.

Quando alguém se coloca contra a invasão dos territórios indígenas ou apoia a luta pela demarcação de suas terras, ou se coloca contra os interesses de exploração mineral nos seus territórios invoca-se, com frequência, que interesses escusos, quase sempre só internacionais, estão subjacentes para impedir o desenvolvimento nacional. Por meio dessa estratégia discursiva desloca-se o debate, posto que já não mais se discute os direitos dos índios, mas os interesses nacionais contra a "cobiça internacional". A sociedade já está preparada historicamente para aceitar esse deslocamento da problemática. As razões que legitimaram o genocídio de ontem preparam o genocídio de hoje. Se na verdade não houvesse empresas nacionais mineradoras, ou madeireiras ou fazendeiros tentando se apropriar das terras indígenas, a questão não estaria posta, pelo menos nos dias que correm. Cobrir seus próprios interesses com o manto dos interesses nacionais é uma estratégia discursiva que lhes empresta uma aura de dignidade, sobrepondo-se aos interesses indígenas.

Nos últimos anos, com a nova expansão capitalista modernizante sobre a Amazônia, essa problemática vem sendo atualizada quando se invoca a necessidade de uma legislação específica para a faixa de fronteira para demarcar as terras indígenas. Interesses de empresas mineradoras e madeireiras têm, assim, procurado atrair para seu lado o setor militar que, por atribuição constitucional, tem a função de garantir a integridade territorial do país. Há aqui um evidente equívoco jurídico que faz derivar o direito dos índios às suas terras do ato declaratório da demarcação, quando é exatamente o contrário, isto é, o direito dos índios é anterior à demarcação e deriva do reconhecimento constitucional no parágrafo 1º, do art. 231, dos elementos constitutivos de uma terra tradicionalmente ocupada pelos índios. Além disso,

> cabe destacar o fato de não existir óbice algum para o desenvolvimento do dever protetivo do território brasileiro, pelos órgãos estatais.
> As terras indígenas, portanto, não podem ser consideradas obstáculos ao cumprimento de tarefas constitucionais.
> A Constituição Federal indica, porém, os mecanismos e os parâmetros para a concretização de defesa do território nacional e o respeito dos direitos indígenas, de forma compatível.
> [...] Significa dizer que as tropas militares, como os agentes da Polícia Federal, podem ingressar nas terras indígenas para o cumprimento dos seus deveres constitucionais agindo de forma respeitosa aos bens indígenas sejam materiais ou imateriais. Deverão sempre respeitar a organização social, os usos, os costumes e as tradições da comunidade que habita a região onde estejam atuando (conforme nos esclarece o jurista Paulo Machado Guimarães).

Na verdade, a Constituição prescreve que a defesa da integridade territorial não é vazia de conteúdo cultural. Aponta assim para o caráter pluriétnico da sociedade brasileira, o que, na verdade, faz com que os índios estejam inscritos nas normas constitucionais valores que, de certa forma, contrariam interesses historicamente enraizados na cultura brasileira e que são de triste memória pelo seu caráter etnocida.

Tudo isso fica particularmente evidente no caso ianomami. Alega-se que os cerca de 4.500 índios ianomami que vivem em território brasileiro poderiam se constituir em um Estado independente, juntando-se aos cerca de 6 mil que habitam em território venezuelano. Acrescentemos aqui mais um argumento para reflexão: os ianomami, pela sua própria organização sociocultural, estão longe de poder sustentar uma forma estatal, questão que só se coloca, portanto, a partir de um ponto de vista que lhes é estranho, posto que, ao que consta, essa forma não está presente no seu horizonte cultural.

Essa questão, no entanto, não está fora do horizonte dos que estão querendo se apropriar daquelas terras ou envolvidos na afirmação da soberania territorial sobre as terras ianomami. Sendo assim, a hipótese de criação de um Estado Ianomami soberano só poderia se configurar se houvesse algum poder supranacional que lhes servisse de suporte. De fato esta é uma hipótese que devemos considerar presente, tendo em vista que as relações internacionais não têm, até aqui, sido regidas por relações de igualdade ou de solidariedade, mas sim por relações de força e por interesses.

Nos últimos anos, novos conceitos com pretensão de criar jurisprudência vêm ganhando expressão no cenário internacional e que interessam ao debate sobre a Amazônia e às populações indígenas. Referimo-nos, em particular, à ideia de *patrimônio comum da humanidade* que está subjacente às novas leis que regem os direitos do mar, para além do chamado mar territorial, ou à legislação internacional sobre a Antártida. Considere que, nesses casos, são os Estados que estão sendo os protagonistas dos acordos e o objeto dos acordos e tratados – o mar e a Antártida – são espaços não ocupados por nenhum agrupamento humano de forma permanente.

Houve mesmo, durante a Guerra do Golfo, vozes que justificaram a intervenção militar sobre a região com o argumento de que o petróleo, pela sua importância para o complexo industrial, era de interesse da humanidade. Chegou-se a falar que, em nome desses interesses comuns, se interviesse na região norte do Iraque, onde habitam os curdos, em nome da paz que isso traria para a exploração do petróleo. Pela mesma razão, o então presidente da França, François Mitterrand, chegou a admitir a hipótese de que a Amazônia se constituiria em patrimônio comum da humanidade pela sua importância para a ecologia do planeta. O mesmo pode ser pensado com relação à riqueza genética que abriga a enorme biodiversidade da Amazônia num quadro de mudança de padrão tecnológico em que a biotecnologia, por exemplo, ganha um lugar proeminente.

Toda a questão parece ser esclarecida quando se sabe que nem tudo que seria do interesse comum da humanidade é objeto de exercício de poder compartilhado, como é o caso do arsenal nuclear controlado por algumas potências e, mesmo, do controle da circulação financeira internacional que não é objeto de nenhum controle democrático da população desse novo território imaginado que é o planeta.

Com a questão indígena, que, como vimos, não é dos índios, mas sim dos brancos, esses conceitos que procuram definir uma nova correlação de poder, inclusive a configuração territorial até aqui centrada no estado nacional, acabam por incidir sobre os direitos das populações indígenas.

Resulta daí que no debate sobre as terras indígenas se sobreponham valores outros que não os dos próprios indígenas. No caso brasileiro, ao contrário de outros países como a Bolívia, o Equador, a Colômbia e o Peru, não se forjou uma consciência nacional que incorporasse o indígena como parte da cultura nacional futura. Na melhor das hipóteses, pasmem, o que se tem é uma posição de comiseração para com os índios, reconhecendo que essa população foi dizimada no passado. Assim, consuma-se uma visão de vítima, a qual não reconhece, por exemplo, que nos últimos vinte anos a população indígena no Brasil foi duplicada revertendo aquela tendência histórica que atingiu seu máximo nos anos 1970. Daí não parecerem estranhas formulações como as que se ouve de que "há muita terra para pouco índio", mesmo num país em que 1% dos proprietários detêm 44% das terras do país, ou mesmo no qual existam latifúndios, como um na Amazônia, cujo proprietário detém sozinho uma área de mais de 10 milhões de hectares, maior do que as terras dos 4.500 ianomami.

Considerando-se, como fizemos, as diferentes visões e práticas que se colocam no debate, cabe indagar se já não nos encontramos num momento de elaborarmos uma outra perspectiva sobre a questão indígena, que incorpore o direito à diferença cultural dessas populações ao mesmo tempo integradas nos marcos do Estado Nacional brasileiro. Cabe perguntar, por exemplo: o que levaria algum grupo indígena a buscar fora da territorialidade brasileira a sua afirmação? Não seria o fato de a sociedade ou o Estado brasileiro não reconhecerem seus territórios, não vê-los como portadores de direitos às suas terras, por exemplo? Se assim é, a resposta está em nós mesmos e não em algum interesse internacional que, eventualmente, esteja querendo usar o pleito dessas populações.

Nesse sentido, o que parece estar em questão é o modo como a sociedade brasileira tem tratado o seu lado índio, se é que assim se pode falar de uma sociedade que parece se envergonhar dessa identidade. Não é de se estranhar, por exemplo, que uma das afirmações que mais agride o "orgulho do brasileiro" é quando se acredita que um europeu pensa que o Brasil é "terra de índio". Não devemos esconder de nós mesmos que uma das marcas do esforço nacional do Brasil pelo desenvolvimento, pela modernização, é, exatamente, o de mostrarmos ao mundo que "não somos índios". Lamentavelmente temos mais vergonha de parecermos índios do que daquilo que a eles fizemos e fazemos. Ainda recentemente, em plena capital da República, filhos bem-nascidos queimaram em praça pública o pataxó Galdino que estava em Brasília exatamente pleiteando a demarcação de suas terras. Eis aqui mais uma herança europeia que deveria nos servir para reflexão crítica do que significa a modernização inspirada nos padrões europeus.

E não devemos deixar de considerar que o debate sobre as terras indígenas ganha particular relevância quando, para gáudio de uns e tragédia para eles, se descobre que, sob suas terras, se escondem imensas riquezas minerais ou potencial energético. Os índios do Pará sabem o que significou para eles a construção de Tucuruí ou a exploração mineral na Serra dos Carajás. Ninguém hoje consegue relacionar o nome da serra com as populações que ali habitaram. Os waimiri-atroari puderam experimentar o mesmo com a construção hidrelétrica de Balbina e a exploração mineral que se seguiu. Ou ainda o que sucede aos ianomami, que ocupam regiões onde são grandes as reservas de minerais radioativos, ouro e cassiterita, entre outros.

Novamente vem à baila outra das marcas do pensamento dominante a respeito dessas populações: que elas se constituem em obstáculo ao desenvolvimento. Não é raro se acusar os que se colocam ao lado dessas populações de serem, na melhor das hipóteses, ingênuos ou de estarem sendo usados por interesses internacionais na exploração dessas riquezas. Em nenhum momento se tenta resgatar a história do que foi a exploração mineral na região das Minas Gerais, desde o século XVIII, e o que ela significou, não só para as populações indígenas, mas também para os que trabalharam na extração daqueles minérios. Tampouco se leva em consideração o que já está acontecendo numa das mais ricas províncias minerais em exploração no mundo, no Projeto Grande Carajás, no Pará, onde reina a miséria mais abjeta ao lado de tecnologias de última geração que extraem das suas entranhas imensas riquezas.

É com base nessas experiências que a atual situação dos ianomami, por exemplo, está exigindo, no mínimo, maior cautela. Que se aproveite essa oportunidade para se tentar inaugurar uma outra relação, na qual uma provável exploração, tudo indica inevitável, se faça respeitando princípios básicos de justiça social e de direito à diversidade cultural. Quem sabe assim estaremos dando um passo adiante daquele simplesmente de querer colocar o Brasil no Primeiro Mundo no qual, sabemos, dizimaram-se os diferentes. Estaríamos inventando um novo mundo que talvez possa mostrar que a modernidade não necessariamente precisa destruir a tradição. Mas isso exigiria que abandonássemos a ideia de querermos ser do Primeiro Mundo que aí está. Aí sim teríamos, de fato, nos libertado. Ou podemos continuar nos inspirando nesse mesmo Primeiro Mundo invocando o direito de fazer aqui o mesmo genocídio e a mesma devastação que eles fizeram em seus territórios. Não se pode negar uma perspectiva nacional de busca de uma solução própria, original, de um outro modo de projetar o futuro da região e da humanidade.

A ORGANIZAÇÃO DO ESPAÇO AMAZÔNICO: CONTRADIÇÕES E CONFLITOS

INTRODUÇÃO

É possível identificarmos dois padrões de organização do espaço amazônico, contraditórios entre si, e que estão subjacentes às diferentes paisagens atuais da região: o padrão de organização do espaço *rio-várzea-floresta* e o padrão de organização do espaço *estrada-terra firme-subsolo*. Cada um desses padrões foi sendo criado ao longo da formação sociogeográfica do mundo moderno e contemporâneo e é a materialização, na Amazônia, dos conflitos de interesses entre diferentes segmentos e classes sociais que, estando ou não localizadas na região, imprimiram suas marcas (grafias) a essa terra (geo), geografando-a.

Até a década de 1960 foi em torno dos rios que se organizou a vida das populações amazônicas. A partir de então, e por decisões tomadas fora da região, os interesses se deslocam para o subsolo, para suas riquezas minerais, por uma decisão política de integrar o espaço amazônico ao resto do país, protagonizado pelos gestores territoriais civis e militares. O regime ditatorial se encarregou de criar as condições para atrair os grandes capitais para essa missão geopolítica.

Desenvolve-se, desse modo, um novo fluxo de matéria e energia na região, comandado agora pelos grandes capitais do centro-sul do país e internacionais, sob a tutela do Estado. Mesmo com toda a onda liberal que recentemente se tornou hegemônica no Brasil a partir das iniciativas do governo Fernando Collor de Mello (1990-1992), e mesmo com toda a crítica ao fim de subsídios, ainda prevaleceu o financiamento público de toda a energia consumida pelas grandes empresas transnacionais de exploração de bauxita (alumínio), como a Albrás, Alcoa e Alunorte, e para as siderúrgicas que se estabeleceram ao longo da área de influência do Grande Projeto Carajás. Destaque-se que esses subsídios sobreviveram mesmo à onda liberal e, assim, cada brasileiro, de qualquer região do país, contribui para a exportação desses recursos quando acende um simples interruptor em sua casa.

Assim, a Amazônia vê transformada sua forma de organização socioespacial. Os diversos sentidos de valorização de seus recursos naturais serão a razão de intensos conflitos. Qual o significado de uma floresta para um índio, ou um caboclo extrativista e para um madeireiro ou um pecuarista? E o de um rio para um caboclo ribeirinho ou um moderno empresário? Cada uma dessas perspectivas implica usos diferentes da natureza e, portanto, formas de organização do espaço diferentes.

Num contexto marcado por uma forte presença internacional e pelo enquadramento ecológico que nessa escala ganha expressão, não é difícil se antever o entrelaçamento que o ecológico apresentará com o social e o político na Amazônia.

Vejamos, pois, como foram sendo engendrados esses dois padrões de organização do espaço que hoje convivem contraditoriamente na Amazônia.

O PADRÃO DE ORGANIZAÇÃO DO ESPAÇO RIO-VÁRZEA-FLORESTA

A AMAZÔNIA ENTRE A CRUZ E A ESPADA

A ocupação da Amazônia nasceu sob o signo da disputa territorial de uma geopolítica de caráter colonial. Franceses, ingleses, holandeses, portugueses e espanhóis deixaram suas marcas no território amazônico. Não apresentando para os portugueses, pelo menos no início, as mesmas condições de exploração comercial de outras áreas de seus vastos impérios coloniais, a Amazônia passou a ser vista como uma reserva, como um potencial de exploração futura sobre o qual, no entanto, haveria que se afirmar a soberania.

Assim, a região será objeto de permanente preocupação diplomática, tendo a cartografia um papel importante. A essa apropriação no papel, cartográfica, correspondiam, no entanto, esforços de penetração e conquista por meio da fundação de Fortes. Foram esses fortes as primeiras marcas da civilização ocidental na Amazônia.

Como o efetivo demográfico das metrópoles ibéricas era extremamente reduzido para dar consequência prática à exploração do vasto império, aliado, ainda, ao caráter disperso do povoamento indígena ao longo dos rios, o colonizador português vinculou a Igreja à sua política de domínio territorial.

As Ordens Religiosas foram autorizadas pelo Estado Colonial a conquistar as almas indígenas e, assim, garantir para os portugueses os territórios. A mais importante cidade da região, Belém, nasce em 1616, sob esse signo da cruz e da espada, com o significativo nome de Forte do Presépio.

AS DROGAS DO SERTÃO E OS DESCIMENTOS DOS ÍNDIOS

Surgem assim aldeamentos de missões religiosas e esboça-se a exploração dos seus recursos naturais por meio do extrativismo das "drogas do sertão". Ao longo da calha do rio Amazonas, sobretudo na confluência com outros rios, surgem aldeamentos e vilas, muitas das quais se transformam mais tarde em cidades regionalmente importantes como Santarém, na desembocadura do Tapajós; Óbidos, na foz do Trombetas; Manaus, na foz do rio Negro; Tefé, na foz do Japurá, além de Belém, na foz de toda a bacia, que por isso ganhará um significado maior.

Começa o devassamento da floresta em busca das especiarias ("drogas do sertão") destinadas ao mercado europeu. A riqueza da fauna e da flora, das florestas e dos rios dá ensejo a um diversificado sistema de caça, coleta e pesca capturado pela (e para a) administração colonial e pelas (e para as) ordens religiosas. Tem início o (des)envolvimento da Amazônia e uma valorização seletiva de seus recursos naturais, tendo em vista as injunções do mercado europeu e, aqui em particular, as injunções estritamente políticas dos conflitos entre as diferentes potências coloniais para afirmar a dominação territorial da região.

Os índios começam a ser destribalizados e aldeados. Começa a mudar a organização do espaço: os índios são "descidos" para os aldeamentos missionários ou fogem para os altos rios, geralmente acima das cachoeiras e corredeiras, onde podem continuar a ser livres.

O caráter disperso no meio da floresta, entre inúmeras espécies, daquelas que se revestiam de valor comercial para o colonizador contribuiu para que a ocupação da Amazônia não constituísse, pelo menos no início, um atrativo mercantil relevante. A importação de mão de obra negra para ser escravizada exigia montantes de capital que estivessem de acordo com as expectativas de lucros elevados.

Nesse contexto, a conquista dos espíritos dos indígenas tornou-se fundamental para afirmar as marcas do domínio colonial. Os volumes a serem mercantilizados exigiam o domínio de vastas áreas em face da característica da floresta indicada. Os índios começam a revelar sua dificuldade de entender a lógica do viver para trabalhar do homem ocidental, já que eles que trabalhavam para viver. Seus conhecimentos dos ecossistemas regionais lhes davam sempre a possibilidade de fuga, de liberdade.

NO LUGAR DA CRUZ O DINHEIRO: A ESPADA CONTINUA

A partir de 1750, no entanto, no governo do primeiro-ministro Marquês de Pombal, tem início uma nova fase na adequação da Amazônia ao domínio colonial português. Dessa vez o caráter mercantil se torna mais evidente com a criação da Companhia Geral do Grão-Pará e Maranhão. O monopólio concedido à Companhia Geral logo entrará em conflito com os interesses das ordens religiosas e, em 1759, os jesuítas são expulsos e têm seus bens confiscados, abrindo-se a exploração dos indígenas à sanha mercantil.

Uma série de medidas é colocada em prática para modernizar a região:
- doação de terras (sesmarias) a colonos e soldados que se comprometessem a cultivá-las;
- introdução do trabalho escravo (1756), procurando reforçar a agricultura do cacau, café, algodão, cana-de-açúcar, fumo, anil e arroz;
- estímulo à implantação da pecuária nos campos de Rio Branco (Roraima), baixo Amazonas e na região das Ilhas (Marajó, inclusive).

Assim, a nova fase de modernização da Amazônia agrega o dinheiro e a escravidão como móvel da colonização que antes se fazia, sobretudo, sob o signo da cruz e da espada.

Em face das grandes distâncias a serem percorridas e dos volumes relativamente pequenos que eram comercializados, uma figura se fará presença marcante na vida regional amazônica: o regatão. É ele que estabelece a ligação entre as populações dispersas ao longo das calhas dos rios e as pequenas vilas e povoados através do escambo ou de um sistema *sui generis* de crédito que é o aviamento. A ele se deve também a expansão do domínio territorial português aos mais longínquos rincões da Amazônia.

Ao longo das várzeas emerge um sistema, que combina o extrativismo da floresta, a pesca e a agricultura, articulado, por meio dos regatões, com as vilas e cidades. Belém vê reforçada sua importância com sua elevação à condição de capital em 1751 e com a separação do Maranhão em 1772.

Muitos autores chegam a falar de um ciclo agrícola na Amazônia que teria sucedido ao ciclo das "drogas do sertão". Cabe registrar, no entanto, que o extrativismo das "drogas do sertão" nunca deixou de ser, em termos regionais, uma atividade socialmente relevante. No entanto, a atividade agrícola, sobretudo as lavouras do cacau, cana-de-açúcar e a pecuária ensejaram a conformação de uma oligarquia latifundiária que se tornará politicamente importante na configuração geográfica da Amazônia. Sua voz se fará sentir quando a reorganização da divisão internacional do trabalho, sobretudo após a Revolução Industrial, atinge a região com sua demanda de borracha.

A BORRACHA: CONFLITOS ENTRE A AGRICULTURA E O EXTRATIVISMO

A Amazônia, pelos idos de 1830, já exportava sapatos e tecidos emborrachados principalmente para os Estados Unidos. Com a descoberta do processo de vulcanização, em 1839, a goma elástica deixa de ser um produto marginal e se inscreve no cerne de novos procedimentos técnicos da Revolução Industrial como: correia de transmissão, amortecedor de impactos das engrenagens industriais, encapamento de fios etc. No final do século XIX, sua aplicação em revestimento de rodas, dando origem aos pneumáticos, ensejará uma importante mudança, inclusive no modo de vida urbano com os automóveis e as bicicletas. Abre-se espaço para o desenvolvimento do rodoviarismo, sistema de transportes muito mais flexível na organização social dos espaços do que a ferrovia.

O impacto na Amazônia será enorme e é importante registrar que o surto de expansão da extração do látex deu-se antes da produção generalizada de pneumáticos, o que revela que ele se deu em função da importância da borracha como matéria-prima de componentes para as máquinas industriais e na fabricação de fios para redes elétricas e de comunicação (telégrafo, telefone, energia). A oligarquia latifundiária tradicional não verá com bons olhos a emergência do ciclo da borracha. Em agosto de 1854 o Presidente da Província do Pará, Sebastião Rego Barros, censurava em documento oficial

> o emprego quase exclusivo dos braços na extração e fabrico da borracha, a ponto de nos ser preciso, atualmente, receber de outras províncias gêneros de primeira necessidade e que dantes produzíamos até para fornecer-lhes.

Ou, ainda, em 1862, o tom dramático do presidente Araújo Brusque quando dizia:

> Não sei senhores, se o exercício dessa indústria não é antes fatal aos verdadeiros interesses dessa Província. Por amor aos seus avantajados lucros, que só aproveitam aqueles que recebem os produtos já preparados, e ao tesouro que sobre eles levanta grossas somas, pelo imposto que cobra, sofre a população e as outras indústrias da Província sentem a falta de braços. Comparai as estatísticas de alguns ramos da produção de Vossa Província, em tempos que floresciam, com a época de desenvolvimento da indústria da goma elástica e não deixareis de reconhecer que a lavoura de algodão, do arroz, do café, da cana foi suplantada pelos fabulosos lucros que aquela outra oferecia.

Todos queriam entregar-se de corpo e alma à extração da borracha, como dizia, já em 1871, Ribeiro Behring, inspetor de alfândega do Pará:

com vantagens enganadoras, da preferência da cultura da terra, com seu lucros certos e seguros [...] só uma vontade de ferro poderá amparar esta Província na queda que lhe prepara a goma elástica, que vai deixando mostrar não ser somente oriunda do seu solo, tendo sido talvez bem cedo competidora nos mercados externos.

O que estava em jogo aqui não era obviamente os "interesses dessa província" até porque esses interesses são formados a partir de diferentes perspectivas muitas vezes, como é bem esse o caso, contraditórias entre si. Na verdade, o ciclo da borracha, que àquela época já se esboçava, ameaçava deslocar as bases do poder das oligarquias tradicionais da Amazônia, (latifundiários pecuaristas, de cana-de-açúcar, cacau, café e algodão). É que a extração da borracha, ao atrair os braços dessas antigas atividades e, também, ao desviar o sentido do fluxo de abastecimento de víveres de primeira necessidade para os seringais, desorganizava as antigas bases produtivas e fazia com que o custo de vida em Belém aumentasse significativamente.

É fato que muitos desses latifundiários tentaram se dedicar à extração da borracha, porém os métodos de extração da goma elástica nessas regiões tradicionais usando a machadinha, no Baixo Amazonas e na região das ilhas, levaram à rápida exaustão das seringueiras. A descoberta de concentração de seringueiras, sobretudo da *Hevea brasiliensis*, muito mais produtivas do que aquelas encontradas nos baixos cursos e nas ilhas, *Hevea guianiensis* e *Hevea benthamiana*, acabou deslocando o centro geográfico da produção de borracha para os altos cursos do Tapajós e Xingu e, sobretudo, para a Amazônia Ocidental, nos altos cursos do Purus e Juruá.

Por outro lado, a demanda externa pela borracha não só aumentava, como os bancos e as casas exportadoras europeias e norte-americanas colocavam à disposição das casas aviadoras de Belém, e depois também de Manaus, capitais suficientes para buscarem novas áreas de expansão.

Dessa maneira, observa-se um deslocamento paulatino das áreas geográficas de importância econômica, sobretudo nos altos cursos dos rios com destaque para o Tapajós e para o Xingu e, principalmente, para o Juruá e o Purus. Produz-se, assim, um deslocamento entre o poder político, encastelado na burocracia político-administrativa das elites tradicionais basicamente ligadas ao latifúndio agropecuário, que tem como sede sobretudo Belém, articulada nacionalmente com o governo federal; e o poder econômico ligado ao setor da borracha que, a partir dos bancos e casas exportadoras europeias e norte-americanas, articulava os interesses das casas aviadoras e os "coronéis de barranco", que montavam seus seringais, tendo especialmente em Manaus sua base, muito embora Belém tivesse, também, enorme influência sobre essas áreas.

Desse modo se mostram presentes desde antagonismos como convergências, até porque as velhas e tradicionais elites amazônicas dependiam dos recursos que emanavam da borracha para, via impostos, desencadearem a administração

■ Seringal Empresa
■ Seringal Caboclo

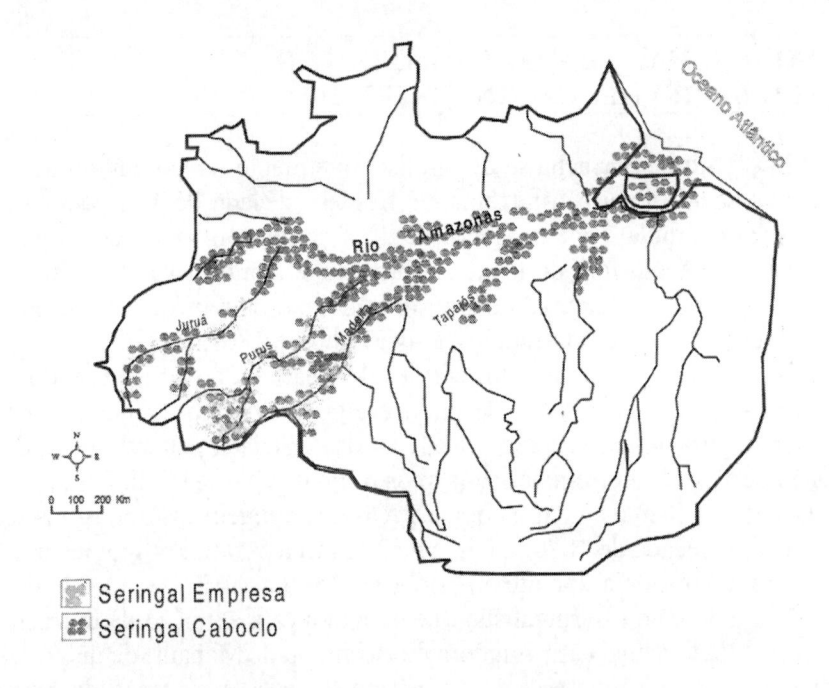

Fonte: L.E.M.To – Laboratório de Estudo do Movimento Social e Territorialidade
Prof. Resp.: Carlos Walter Porto Gonçalves
Organização do Mapa – Paulo Roberto Rodrigues de Oliveira

Observe que o Seringal Empresa predomina na Amazônia Sul-Ocidental, no Acre em particular. Este se caracteriza pelo caráter empresarial, posto que se destinava, exclusivamente, à produção de mercadoria, no caso à extração látex. Já o Seringal Caboclo extraía o látex entre outros produtos a que se dedicava, tendo em vista que o caboclo dificilmente faz monocultura.

pública. Todo o conjunto de obras públicas efetuados em Belém e em Manaus encarnará melhor esses interesses, muito embora Belém também tivesse enorme influência sobre essas áreas.

O debate que se trava entre o extrativismo e a agricultura, até hoje um debate presente sobre os destinos da Amazônia, só pode ser entendido se formos capazes de entender esses interesses que estão em jogo, cada um deles procurando se apresentar como sendo a "verdadeira vocação" da Amazônia.

A BORRACHA: O BARRACÃO, O OUTRO LADO DA REVOLUÇÃO INDUSTRIAL

Em torno da borracha se deu indiscutivelmente o mais importante fluxo de povoamento para a Amazônia. Já desde a década de 1860 que as casas aviadoras estimulavam a implantação de seringais em terras longínquas que, inclusive, ficavam fora do território brasileiro, como os vales do Juruá e do Purus, até então considerado território boliviano pelo próprio governo brasileiro, conforme se lê no Tratado de Ayacucho de 1867.

Nordestinos, sobretudo dos sertões do Ceará e do Rio Grande do Norte, tradicionalmente produtores de gado e algodão, foram agenciados para se dirigirem para aquelas regiões, desde a crise ensejada pela retomada da produção de algodão norte-americana após o fim da Guerra Civil. Essa migração se tornará ainda mais intensa com as secas que atingem esses mesmos sertões no final da década de 1870. Fala-se de 300 mil a 500 mil migrantes nordestinos para a Amazônia durante o período de 1860 a 1912.

Normalmente o seringalista, que comandava a extração da borracha, estava vinculado a uma casa aviadora de Belém ou de Manaus, de quem recebia adiantamentos de víveres e utensílios necessários à extração da borracha, mediante a obrigação de a ela entregar toda a sua produção.

Os trabalhadores agenciados chegavam aos seringais com a dívida dos custos da própria viagem, além de ter que pagar os utensílios que utilizavam e os víveres que lhes eram antecipados pelo seringalista que, por sua vez, os recebia de algum comerciante vinculado a alguma casa aviadora. Assim se estruturava o famoso Sistema de Aviamento, uma espécie de crédito sem dinheiro, e que se sustentava com base em relações clientelísticas por todo o vale amazônico.

O barracão do seringalista se constituía, assim, num importante elo da organização social do espaço amazônico. Localizado num ponto estratégico à beira do rio, era a partir dali que todas as *colocações* dos seringueiros se achavam polarizadas, sem vinculações entre si, mas todas ligadas ao barracão.

A maior parte dos extratores-seringueiros não conseguia no primeiro ano obter a produção necessária ao pagamento de seu débito com o barracão do patrão-seringalista. Era ainda um "brabo", nome que se dá na região ao seringueiro que ainda não domina a técnica de extração e, por isso, não consegue "tirar" muita produção.

A busca incessante de saldo se tornava uma verdadeira obsessão dos seringueiros, quando se transformavam em "mansos". No entanto, analfabetos em sua maioria, não conseguiam controlar os mecanismos dos preços que ficava por conta do "guarda-livro", ou do gerente ou do próprio "patrão".

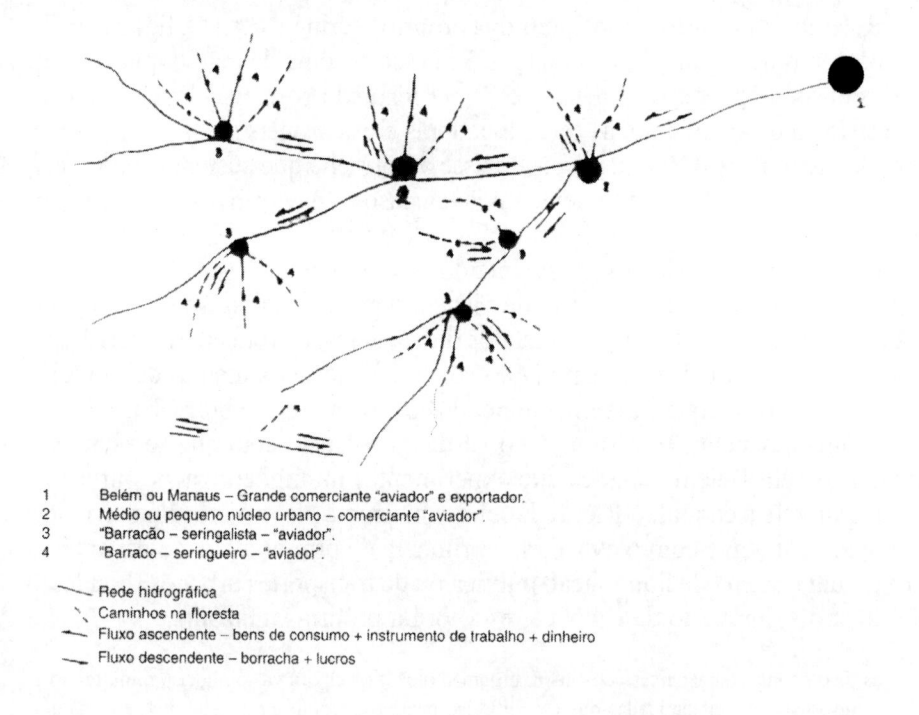

1   Belém ou Manaus – Grande comerciante "aviador" e exportador.
2   Médio ou pequeno núcleo urbano – comerciante "aviador".
3   "Barracão – seringalista – "aviador".
4   "Barraco – seringueiro – "aviador".

─── Rede hidrográfica
╲╲ Caminhos na floresta
──► Fluxo ascendente – bens de consumo + instrumento de trabalho + dinheiro
──► Fluxo descendente – borracha + lucros

O sistema de aviamento. Adaptado de Roberto Lobato Correa por Carlos Walter Porto Gonçalves.

Vários autores têm salientado que, mais do que uma fonte de lucro por parte dos "patrões", a contabilidade cumpria um papel de manter em dívida o seringueiro, pois o "saldo" o libertaria realizando seu sonho de regressar ao Nordeste. Sendo assim, era a dívida permanente e estrutural do seringueiro que dava sustentação a todo esse sistema.

A fim de que obtivesse o máximo de produção de borracha era proibida ao seringueiro a possibilidade de praticar a agricultura. Se essa imposição é entendida por muitos como uma irracionalidade, não o é no contexto do conjunto das relações sociais que envolviam a extração da borracha. Basta para isso refletirmos sobre os custos de transportes que envolviam a subida para regiões longínquas de navios para, depois, descerem carregados de borracha. Impedir os seringueiros de plantar para a sua sobrevivência e obrigá-los a só produzir borracha era viabilizar as casas aviadoras que não só compravam borracha, mas também vendiam alimentos, utensílios e outros supérfluos, estes sobretudo aos "bons seringueiros", que tinham "saldos", para que, aumentando as suas dívidas, aumentasse sua dependência de maior produção de borracha.

Relembremos que a montagem dos próprios seringais estava ligada ao financiamento de alguma casa aviadora. Era esse sistema de mão dupla – *subir* os rios levando víveres e alimentos, e *descer* trazendo borracha – que viabilizava o sistema de aviamento, as casas aviadoras e os coronéis de barranco desde que, obviamente, o seringueiro produzisse a borracha que sustentava a todos. O sistema tornar-se-ia praticamente inviável, caso os navios tivessem que subir os rios vazios.

O seringueiro se via, assim, submetido a um sistema *sui generis* de dependência que começava com o custo de viagem e prosseguia no isolamento geográfico no interior da floresta. Os relatos de viajantes, de romances e relatórios de cientistas, como Osvaldo Cruz, dão conta dos elevados índices de mortalidade e de doença a que ficavam submetidos os extratores de borracha.

Contrastava com essa situação o verdadeiro fausto com que se vivia em Manaus ou em Belém, cidades que experimentavam modernizações urbanas de fazer inveja à capital, o Rio de Janeiro e mesmo a Nova York. Manaus, por exemplo, disputava com Nova York a primazia de primeira cidade da América a ter um sistema de iluminação pública ou de transportes urbanos (bondes). No dizer de Humberto de Campos, escritor da própria Amazônia,

> as duas capitais amazônicas constituem ornamento exótico de um vasto império tumultuário e semibárbaro, pedras lapidadas que a civilização pendurou, como um enfeite, no peito de um selvagem, que traz, ainda, um botoque no peito e no nariz, atravessada à pena de um papagaio, O viajante que desembarca em Belém ou Manaus não tem, na verdade, a menor sensação de que se acha afastado doze ou dezesseis dias do Rio de Janeiro. Edifícios elegantes, movimento mundano e comercial, serviços públicos modelares, imprensa bem informada e honrando a inteligência brasileira, espírito brilhante dos homens, graça e elegância e gosto nas mulheres – tudo isso impressionaria o forasteiro que não tem ideia, de longe, de tão complexos focos de cultura. E essas capitais não são, todavia, índices dos estados de que são cabeças desconformes.

Desta forma a borracha se inscrevia no coração das máquinas da nova etapa da Revolução Industrial e ainda fazia parte do novo símbolo da modernidade que era o automóvel. Todavia, em contraposição a esse polo moderno da nova fase de desenvolvimento capitalista esteve associada uma das mais brutais formas de opressão e exploração de que se tem notícia.

O termo "inferno verde", cunhado pelo escritor Alberto Rangel, não se referia aos tormentos de uma vida num ecossistema complexo e misterioso, como a floresta tropical úmida, mas sim à vida nos seringais, o verdadeiro inferno que enredava o cotidiano de exploração do seringueiro.

A borracha, em seu período áureo, chegou a rivalizar com o café na contribuição à entrada de divisas ao país. No entanto, não contou com nenhuma política de sustentação de preços por parte do governo brasileiro, como foi o caso do café. Cabe aqui relembrar o papel subordinado das elites amazônicas na composição do bloco de poder nacional. Enquanto o governo central do império, e mesmo depois da proclamação da República, financiava com recursos públicos a política de imigração europeia para o sul e sudeste do país, negava-se a fazer o mesmo para a Amazônia, chegando até a invocar argumentos falaciosos de que o clima da Amazônia era um obstáculo à presença de europeus e só adequado para o trabalho escravo. Mesmo no conflito com a Bolívia, envolvendo o Acre, o governo federal só tardiamente intercedeu em defesa dos interesses dos próprios brasileiros envolvidos. Mesmo assim, após a incorporação do Acre ao Brasil, o governo federal inventou uma figura jurídica, o território federal, desconhecida da Constituição de 1891 então em vigor, colocando aquele espaço sob a jurisdição direta do governo federal de onde retirou, sob a forma de impostos, recursos que, entre outras coisas, financiou o embelezamento da capital, o Rio de Janeiro, à época do prefeito Pereira Passos. E aqui começa a construção da imagem da "cidade maravilhosa", com dinheiro do Acre, para se afirmar diante do poder econômico de São Paulo. É na Amazônia que se esclarece a rivalidade Rio e São Paulo.

Como já salientamos o extrativismo é uma atividade que marca a organização social do espaço amazônico mesmo antes da presença colonial. A permanência dessa atividade indica a própria dificuldade de o colonizador empreender a própria colonização. É uma atividade ligada, sobretudo, aos caboclos, aos indígenas. Não é de se estranhar, portanto, que seja vista como uma atividade que caracteriza o atraso que deve ser superado. Do ponto de vista indígena ou dos caboclos, ao contrário, a diversidade da fauna e da floresta, a piscosidade dos rios sempre lhes permitiu uma economia natural de subsistência que lhes possibilitava escapar do trabalho servil ou escravo para a produção de mercadorias submetido a terceiros.

Assim, por trás do histórico debate entre agricultura ou extrativismo está não só uma questão de ordem técnica, mas também um debate de ordem político-cultural entre servidão e liberdade, sobretudo quando se consideram os caboclos, os índios, os ribeirinhos e os que migram em busca de liberdade.

As oligarquias latifundiárias ligadas ao cacau, ao café, à cana-de-açúcar, ao algodão ou à pecuária, que se afirmaram sobretudo a partir de 1750, não viram com bons olhos o crescimento do mercado externo para a borracha e todas as suas consequências na geografia social da região. No entanto, suas articulações políticas, fundamentais numa região onde a dimensão política sempre foi mais significativa que a econômica, fizeram com que mantivessem o controle da máquina administrativa, mesmo quando o poder econômico se deslocava para o setor extrativista da borracha.

Uma das marcas deixadas pela ação política dessa oligarquia, no auge do ciclo da borracha, foi a colonização da região bragantina. Preocupada com a perda de braços para os seringais e com o alto custo de vida na cidade de Belém, já que a maior parte dos víveres destinava-se ao abastecimento dos seringais, todo um projeto de colonização foi desencadeado com migrantes nordestinos e com base na produção familiar e com resultados historicamente favoráveis, não só por ter permitido o abastecimento de Belém, como também por garantir a ocupação, durante mais de um século, daquela região. Ainda está por se fazer uma avaliação criteriosa dessa experiência e do porquê dos problemas que vieram posteriormente a se abater sobre esta sub-região, em grande parte em função do abandono dessa política agrária e agrícola voltada para o produtor de base familiar cuja a experiência da zona bragantina é pioneira.

CRISE DO SERINGALISMO, VIVE-SE MELHOR NA AMAZÔNIA

A entrada da produção asiática de borracha veio colocar o complexo seringalista da Amazônia numa crise profunda. Não se diga que não foi tentado o chamado *cultivo racional* de seringueiras, como muitos costumam afirmar. Ao contrário, diversas tentativas foram efetuadas, tanto por brasileiros, como por estrangeiros que adquiriram terras na região com esse fim. O caso mais famoso, mas não o único, foi o de Henry Ford. Além de problemas de ordem técnica, para se conseguir espécies de alta resistência a doenças e, ao mesmo tempo, de alta produtividade, havia problemas derivados do regime de relações sociais, tendo falido todas as tentativas de se introduzir o regime de assalariamento nos seringais.

O controle sobre a mão de obra sempre se apresentou como um dos maiores obstáculos àqueles que tentaram enriquecer subjugando o caboclo, o índio ou os negros remanescentes de quilombos a uma disciplina de trabalho condicionada à rigidez da exploração mercantil. Insistimos que a disponibilidade de terras, a piscosidade dos rios, a riqueza da floresta se constituíram em importantes aliados dos habitantes da Amazônia para escapar daqueles que queriam submetê-los.

A não obtenção de divisas com a exportação de borracha fez com que as casas aviadoras não pudessem importar os gêneros de primeira necessidade, como até então faziam. Deste modo, todo o complexo seringalista, que se sustentava no sistema de aviamento, entrou numa profunda crise.

No entanto, se esse fato fez ruir o sistema de aviamento e todo o complexo que envolvia a produção da borracha, engendrou condições nas quais os amazônidas demonstraram sua capacidade de reorganizar suas vidas, mesmo numa situação extremamente desfavorável. A região viu decrescer sua população total entre 1920 e 1940. Somente o estado do Amazonas apresentou um acréscimo populacional no período, em virtude da absorção de grande parte dos seringueiros dos altos cursos dos rios Purus e Juruá, no então território do Acre (na ocasião maior produtor de borracha na Amazônia), que buscavam agora as várzeas do Médio e Baixo Amazonas.

O Mito do Plantio Racional de Seringueiras na Ásia: A Dimensão Política da Técnica e a Técnica da Política

Já virou consenso afirmar-se que a crise que se abateu sobre a Amazônia após a década de 1910 se deveu ao *plantio racional* da borracha na Ásia. Caberia indagar que critérios estariam sendo usados para afirmar essa racionalidade da produção asiática. Em 1930, por exemplo, para uma produção exportada de 800 mil toneladas, os países asiáticos obtiveram, em moeda internacional, o mesmo valor que a Amazônia obtivera em 1912 com a produção de 40 mil toneladas.

Do ponto de vista das indústrias transformadoras de borracha, obter pelo preço de 40 mil toneladas nada mais nada menos que 800 mil toneladas é, indiscutivelmente, um avanço extraordinário. Há uma incontestável diminuição do valor dos seus gastos com essa matéria-prima. É, de fato, uma considerável diminuição do valor do capital constante circulante.

Haveria, no entanto, que se indagar se isso trouxe para as populações dos países asiáticos exportadores de borracha alguma melhoria na sua qualidade de vida. Talvez aqui coubesse a recomendação de que se assistisse ao filme *Indochina*, estrelado por Catherine Deneuve, para que se possa ter uma mínima ideia de como são aquelas paisagens do *cultivo racional* de seringueiras. A destinação de imensas áreas à monoprodução de borracha levou aqueles países a se tornarem importadores de víveres de primeira necessidade, inclusive o arroz que antes produziam e que eram autossuficientes. Esses fatos tornaram a vida das populações desses países extremamente dependentes da dinâmica capitalista da divisão internacional do trabalho.

Deveríamos considerar para explicar o sucesso da produção asiática em relação à produção amazônica o fato de que os países importadores de borracha, no caso os países industrializados, mantinham à época uma relação de controle colonial sobre os países asiáticos tendo, assim, todas as fases da produção, comercialização, distribuição e consumo submetidos diretamente aos seus ditames. Observemos que o mesmo não acontecia no caso da Amazônia onde, por mais que os grandes importadores europeus condicionassem as Casas Aviadoras de Manaus e de Belém, tinham que partilhar com elas parte dos lucros da atividade gomífera.

Na verdade a borracha era no início do século uma matéria-prima estratégica para qualquer complexo industrial, não pela sua importância para a fabricação de pneumáticos, mas por sua importância para os próprios procedimentos técnicos das indústrias, sendo usada para a fabricação de amortecedores, correias de transmissão, além de encapamentos de fios e tubos etc. O controle político das áreas produtoras dessa matéria-prima mereceu, por isso, uma política que garantisse esse domínio estratégico.

A própria iniciativa de Henry Ford, de produzir borracha na Amazônia brasileira a partir da década de 1920, se inseria nessa mesma lógica que, nesse caso, buscava a afirmação de um grande grupo empresarial entre os diversos grupos industriais que disputavam a hegemonia do setor.

Assim, a superioridade técnica que se apregoa acerca da produção racional da borracha nos seringais de cultivo do sul e sudeste asiático está mais ligada às

> *técnicas da política* do que simplesmente às técnicas agronômicas. Ou, em outras palavras, estas estão intimamente ligadas àquelas e o equívoco está nas análises que tentam dissociá-las.
>
> Na verdade temos que superar uma visão, infelizmente muito arraigada, de não associarmos a ideia de técnica ao campo da política, como se pudesse existir alguma relação de poder destituída de meios que as tornem mais ou menos eficazes. Como se a técnica fosse algo restrito ao campo das relações homem-natureza. O mérito de Maquiavel foi exatamente esse, qual seja, o de revelar as técnicas da política, ou a política como técnica de conservação de poder.
>
> Aceitar que a borracha da Malásia desbancou a produção brasileira em virtude da superioridade tecnológica é parte de uma crença muito generalizada, de que o avanço da tecnologia é que move o mundo, ignorando o que move o avanço da tecnologia.

Muitos, no entanto, permaneceram no interior da floresta em seringais abandonados pelos *patrões* ou então em seringais que passaram a ser administrados por gerentes das casas aviadoras que assumiram seringais de seringalistas com elas endividados.

Para manter esses seringais, os novos gerentes e administradores se viram obrigados a fazer uma série de concessões aos seringueiros para mantê-los dentro da floresta. A prática da agricultura, por exemplo, passou a ser tolerada, até porque não havia como garantir mais o abastecimento dos seringais com as importações do exterior. Uma espécie de substituição de importações começa a ser posta em prática nos espaços dos seringais. A constituição de família por parte dos seringueiros passou a ser permitida, o que antes, no período áureo da borracha, era proibido. À época áurea da borracha até prostitutas faziam parte do abastecimento.

A combinação da agricultura com o extrativismo (o agroextrativismo) dentro da floresta começou a dar ensejo a um maior enraizamento dessas populações no interior da floresta. A diversificação produtiva levou a que a alimentação melhorasse de qualidade e vamos começar a observar os índices de doença e de mortalidade caindo na Amazônia com a crise dos seringalistas e das casas aviadoras. Assim temos o paradoxo de que se viveu muito melhor na Amazônia com a crise dos patrões seringalistas e do sistema de aviamento a que estes estavam associados. Os índices de mortalidade voltam a aumentar quando da retomada da produção da borracha durante a Segunda Guerra Mundial, no que ficou conhecido como a Batalha da Borracha, restabelecendo a relação alta produção de borracha – baixo nível de vida para os seringueiros –, altos lucros para os seringalistas.

Assim todo um padrão de organização social do espaço geográfico vai sendo plasmado na Amazônia, não só no interior da floresta, como também nas várzeas. Aqui a combinação do extrativismo de frutos, essências para perfumes, plantas aromáticas, medicinais, madeiras e outras "drogas do sertão", com a prática da pesca e, ainda, a agricultura, parte para a subsistência, parte para a comercialização, conformou uma paisagem típica do caboclo ribeirinho. O cultivo da juta durante muito tempo garantiu a entrada de dinheiro para essas famílias, além do cultivo da malva. O cultivo da juta, matéria-prima para a indústria de sacarias, entrou, porém, praticamente em colapso com a entrada dos derivados de petróleo neste ramo.

A diversidade de produtos que circulam, pela ação de regatões nos rios amazônicos, ainda hoje mostra, timidamente, todo o potencial e a riqueza acumulada por essas populações tradicionais durante todos esses anos. Caso se queira formular um projeto de desenvolvimento sério para a região necessariamente toda essa cultura haveria de ser levada em consideração. Nas palavras de um pesquisador da região:

> Até os anos 60, a principal via de penetração na Amazônia era os grandes rios de sua bacia hidrográfica [...] O sentido da navegação de gentes e bens econômicos era muito espraiado, ora subia a calha principal – o rio Amazonas – em busca de trabalho na atividade da borracha, na região do Médio Amazonas (Santarém, Rio Tapajós), ou subia o Rio Trombetas em busca de madeiras, castanhas, peixes; do município de Oriximiná, ou até o Baixo Amazonas, no município de Almeirim, em busca de peles de jacaré, de sua carne e de peixes; ou subia o Rio Xingu até o município de São Félix do Xingu, em busca de mineração, madeiras, ou cruza os furos (rios secundários menores, que atravessam e/ou circulam dezenas de pequenas ilhas, estreitos e cabos, que aproximam o arquipélago de Marajó do continente, na altura do Rio Pará) na área dos municípios de Breves, Afuás, Portel em busca de madeira, frutos, pescado, pecuária bubalina, nos municípios de Chaves no seu lado norte com o Rio Amazonas, Soure e Ponta de Pedras, respectivamente, ao oeste e ao sudoeste da Baía de Marajó, na frente marítima nos municípios de Vigia, Marapanim em busca de pescado. E, também, subia o Rio Tocantins até o município de Marabá em busca de castanha, cristal de rocha, ouro, mineração, madeira e continuava até o município Conceição do Araguaia (atualmente a navegação à montante desses dois rios até esses dois municípios está bloqueada pela represa hidrelétrica de Tucuruí). Finalmente, subia o Rio Acará até o município de Acará, em busca de frutas e madeiras e o de Tomé-Açu, na colônia japonesa, para o cultivo de pimenta-do-reino [...]
> A importância do transporte fluvial na colonização de gentes nessa região está no seu papel de intercâmbio comercial, tecnológico e cultural, que resultou uma comunidade *sui generis* representada pelos seus homens – o caboclo –, numa perspectiva harmoniosa ao seu ecossistema que era a base de sua economia, mesmo quando de subsistência. Aqui não se trata de apologia do primitivismo, ou do *small is beautifull*, mas da integração do homem ao seu meio ambiente, através da consciência de sua utilidade. E do que é decisivo nesse binômio-vida, o conhecimento intestino de seus processos de reprodução. Conhecimento esse muitas vezes não percebido no seu núcleo principal, porque classificado como simples manifestação cultural, descolada de sua cientificidade e tecnicidade na relação dos homens com a natureza (Lara, 1991).

Desse modo é possível identificarmos um modelo de ocupação tradicional na Amazônia plasmado por meio de um intercâmbio orgânico com os ecossistemas: o rio, vertedouro natural de toda a água que circula através da floresta, solo e atmosfera, que serviu para diferentes atividades que se desenvolveram explorando a floresta, os campos e as várzeas.

Foi pelos rios que se garantiu a conquista da região. O controle geopolítico da foz da bacia, por meio da cidade de Belém, foi decisivo para o domínio da maior parte da região por Portugal. Na dificuldade de ocupação efetiva das terras pela escassez demográfica do próprio colonizador o controle das águas foi decisivo.

A prodigalidade da natureza permitiu o desenvolvimento de uma economia de autossubsistência que ensejou um personagem característico da região: o caboclo. O regatão, subindo e descendo o rio, garante o suprimento daquilo que não se produz, explorando o isolamento do ribeirinho. Nas cidades uma gama de comerciantes se beneficiou desse comércio e, principalmente, em Manaus e Belém grandes casas comerciais polarizavam tudo que emana desses longínquos rincões.

Uma oligarquia latifundiária originalmente ligada ao cacau, café, algodão, cana-de-açúcar e, sobretudo, à pecuária (Marajó e Baixo Amazonas) exerce o controle da máquina político-administrativa que, sabemos, cumpria um papel decisivo na Amazônia, em face exatamente da fragilidade da economia e do débil enraizamento sociodemográfico dessas mesmas elites dominantes.

Desde a Segunda Guerra Mundial, por razões geopolíticas, o governo federal encetou uma série de políticas visando uma ação mais efetiva na região. Colocou sob sua jurisdição direta parte dos territórios dos estados do Pará, Amazonas e Mato Grosso criando os Territórios Federais do Amapá, Rio Branco e Guaporé respectivamente. Isso por si só revela a fragilidade das oligarquias regionais amazônicas no contexto da composição do bloco político dominante nacional. Por meio do Banco de Crédito da Amazônia passou-se a oferecer subsídios que garantiam a sobrevida das velhas oligarquias regionais.

A partir de 1966-1967 o governo federal mudou completamente sua orientação para a Amazônia, retirando toda a política que dava sustentação às velhas oligarquias regionais que, não tendo como se sustentar sobre seus próprios pés, ruiu e, com ela, todo esse padrão de organização social do espaço rio-várzea-floresta passará por mudanças significativas, ficando as populações de trabalhadores tendo que se defrontar diretamente com os novos colonizadores. As elites regionais ou se associaram aos novos protagonistas, ou venderam suas terras e foram para Manaus, Belém, Fortaleza, Rio de Janeiro ou São Paulo.

A ORGANIZAÇÃO DO ESPAÇO ESTRADA-TERRA FIRME-SUBSOLO

OS NOVOS (NOVOS?) COLONIZADORES

A criação da Superintendência da Zona Franca de Manaus, em 1966, a extinção, em 1967, do Banco de Crédito da Amazônia, que sustentava com subsídios as tradicionais elites da região, indicam claramente a mudança da política para a Amazônia. Esclarecem também quem são os novos protagonistas do processo de (des)envolvimento regional: os gestores territoriais civis e militares, o grande capital nacional e internacional. As elites tradicionais da região, sobretudo as ligadas ao extrativismo, ficam marginalizadas.

Agindo como uma verdadeira política de intervenção, o Estado a partir de seus polos hegemônicos, e expressando o papel secundário das elites regionais, criará áreas diretamente subordinadas à tutela federal, como as faixas de 100 km de cada lado das estradas federais construídas; a área do Projeto Grande Carajás, além da criação de instâncias administrativas federais para atuar especificamente no Baixo Amazonas, no Araguaia-Tocantins, como o Gebam e o Getat, respectivamente. Assim, o governo federal tirava da alçada dos governos estaduais a gestão de importantes parcelas de seus territórios.

Essa verdadeira política de intervenção regional, de clara inspiração geopolítica do segmento militar, lançou mão de dois instrumentos básicos:
* por meio de uma série de incentivos e isenções fiscais, procurava atrair capitais para investir na Amazônia. Para isso o governo federal buscou suporte nas agências multilaterais, como o BID e o BIRD, para realizar todas as obras de infraestrutura de comunicações, transportes e energia que, por sua vez, viria viabilizar grandes empreiteiras nacionais, um dos suportes da construção do "Brasil-Grande" desde a época da construção de Brasília, no Governo JK. Destaque-se, ainda, o levantamento aerofotogramétrico de todo o território nacional efetuado em 1965 com o auxílio da USAF;
* como o capital não se valoriza por si mesmo, pois precisa da força de trabalho para valorizá-lo, o governo desencadeará ampla campanha procurando atrair mão de obra para ocupar o "vazio demográfico" amazônico.

Num primeiro momento, até 1974, a estratégia foi basicamente de atrair mão de obra para a construção das grandes obras de infraestrutura, como a Transamazônica, com projetos de colonização ao longo das estradas (agrovilas).

A partir de 1974 fatos ocorridos em escala mundial acabaram por ter, mais uma vez, enormes impactos na vida regional. É que a crise gerada pelo aumento dos preços do petróleo foi transferida pelas grandes empresas que controlam o mercado mundial do setor para os consumidores, aumentando o preço do combustível, e para os países importadores de petróleo, gerando uma grave crise de balanço de pagamentos. No Brasil, essa crise foi capturada por usineiros do setor canavieiro que, atravessando uma grave crise já a algum tempo, se apropriaram do Pró-álcool para resolverem seus problemas específicos, apresentando-se como solução de um problema nacional.

UMA GEOGRAFIA ECONÔMICA DE EXCLUSÃO

Especificamente na Amazônia, a crise no balanço de pagamentos e o direcionamento de recursos públicos para subsidiar os usineiros para produzir álcool, implicou uma mudança de política que, então, *descobre* uma vocação pecuária e de exploração mineral para a região. Esses fatos, na verdade, precipitaram a apropriação da Amazônia por uma lógica capitalista explícita. Afinal, as áreas de fronteira mais afastadas dos centros dinâmicos da economia capitalista geralmente se prestam às atividades extensivas como a pecuária, em virtude dos preços mais baixos de suas terras, ou para atividades extrativistas de minérios ou de madeira de lei. Do ponto de vista do padrão de organização do espaço que preexistia na região, dos seus padrões ecológico-culturais, o choque não podia ser mais violento.

A integração do espaço regional amazônico ao centro-sul com a abertura das estradas incorporava suas terras e seus recursos ao sistema de preços nacionais, como *frente de expansão*. Como a Amazônia era a área mais afastada dos centros dinâmicos aos quais acabava de ser conectada, as suas condições de competitividade já se colocavam de antemão como desfavoráveis. Afinal uma área mais afastada terá necessariamente que incorporar aos seus custos de produção aqueles inerentes às distâncias para colocar seus produtos nesses novos mercados.

Aqui dois aspectos devem ser devidamente considerados para vermos as condições de possibilidade que se apresentavam para a Amazônia: 1) exatamente por serem áreas mais afastadas, o preço da terra é mais barato na região e; 2) desperta-se o interesse pela exploração de recursos minerais e florestais.

Daí decorre:
- que as atividades que utilizem grandes extensões de terra, como a pecuária se mostrem aquelas economicamente mais racionais e;
- que para explorar as riquezas minerais ou mesmo florestais sejam atraídos grandes capitais, os quais mesmo dispondo de tecnologias mais sofisticadas, exigem um conjunto de investimentos em condições gerais de produção (comunicação, transportes, energia etc.).

Áreas semi-áridas com caatinga e floras similares (com cactáceas).
Áreas de estepe sub-desérticas (extensões do "Norte")
Áreas estépicas e desérticas frias (extensões das estepes patagônicas)
Grande deserto do Atacama
Grandes núcleos de cerrado com enclaves de caatinga
Núcleos de araucária (andino e brasileiro)
Desertos rochosos e desertos costeiros andinos
Florestas boreais e temperadas frias e de altitude
Florestas tropicais, áreas de refúgios dos morros e brejos de encostas e serras úmidas
Glaciares de altitude do setor sul e das áreas de tundra

Domínios naturais da América do Sul no período de 13 mil a 18 mil anos. Observe que a Amazônia de então estava coberta, basicamente, por vegetação de cerrados e caatingas, exceto nos refúgios tão bem destacados pelo Prof. Aziz Ab'Saber. Aqui é preciso atentar para o fato de que a ocupação humana da Amazônia (o mesmo vale para todo o território brasileiro) se fez coevoluindo com esses ecossistemas, inclusive os florestais. Os atuais ecossistemas brasileiros foram formados quando o clima passou a se tornar mais úmido, após o período destacado no mapa. Consideremos, ainda, que o refúgio na mata, nas áreas alagadiças ou de relevo mais acidentado sempre foi um recurso dos "de baixo" para fugir dos capatazes, capitães do mato ou dos jagunços. Hoje muitas dessas áreas são, paradoxalmente, supervalorizadas pela sua riqueza genética, exatamente pelo fato de terem sido ocupadas por populações não submetidas a uma lógica capitalista. Esse é um importante trunfo político dessas populações, até aqui desqualificadas, e que bem pode ser também o trunfo do país, no dia em que essas populações forem efetivamente incorporadas como cidadãs.
Adaptado de Aziz Ab'Saber.

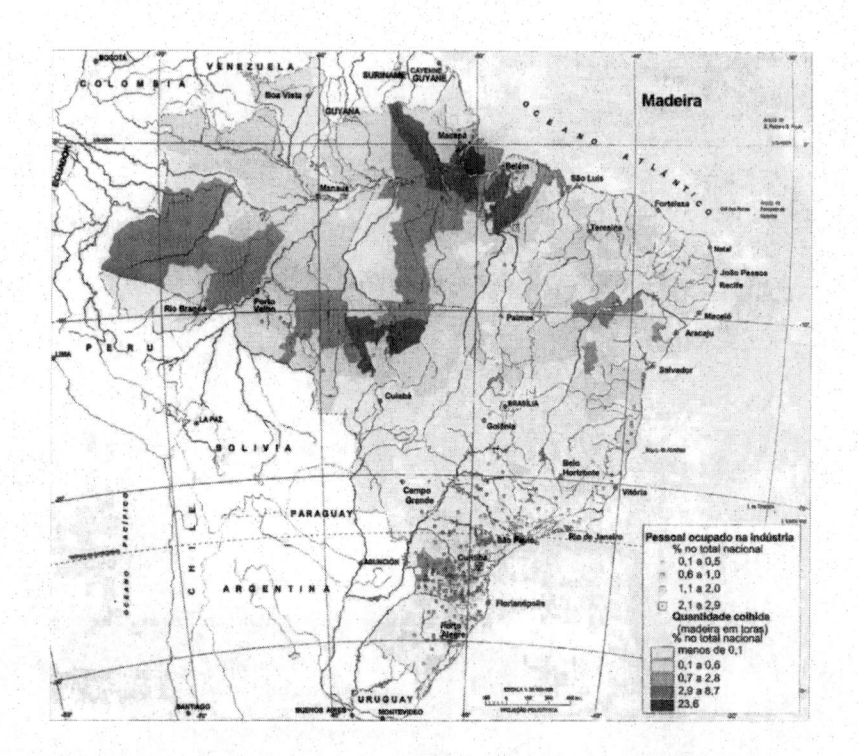

A indústria de madeira no Brasil é cada vez mais amazônica. Fonte: *Atlas Nacional*, IBGE, 2000.

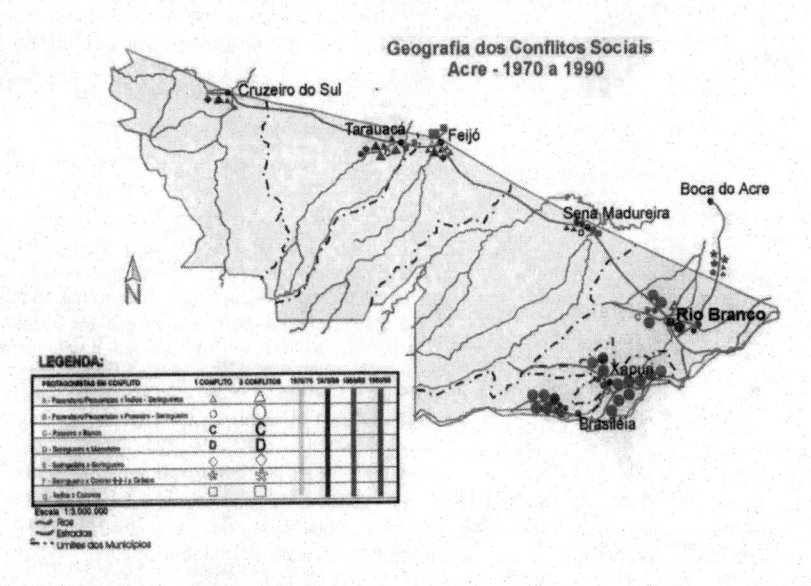

Fonte: *Atlas Geográfico do Acre*, 1991. L.E.M.To – Laboratório de Estudos do Movimento Social e Territorialidades. Prof. Resp. Carlos Walter Porto Gonçalves. Adaptação do mapa – Paulo de Oliveira.

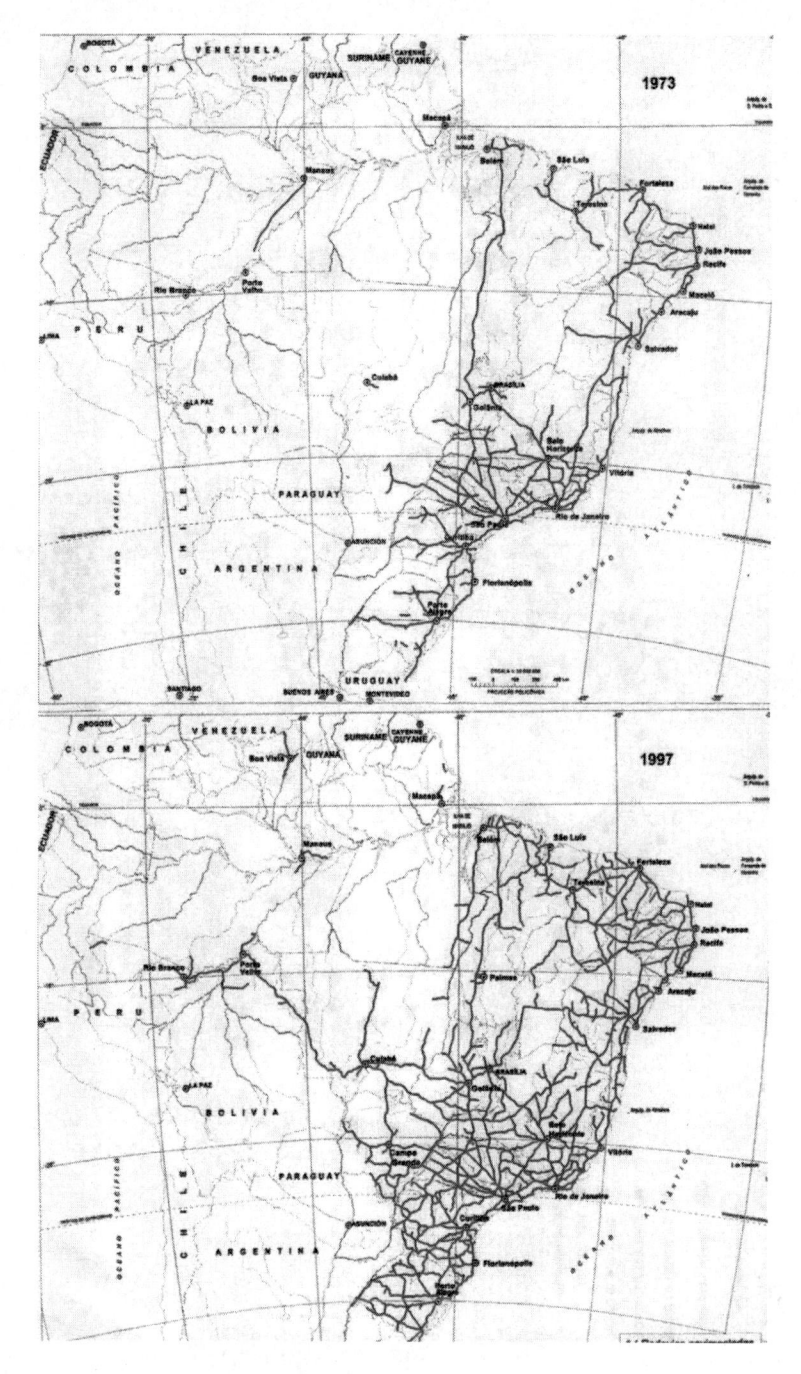

A integração viária da Amazônia ao Brasil. Os mapas mostram "a evolução da rede rodoviária brasileira de 1973 a 1997".

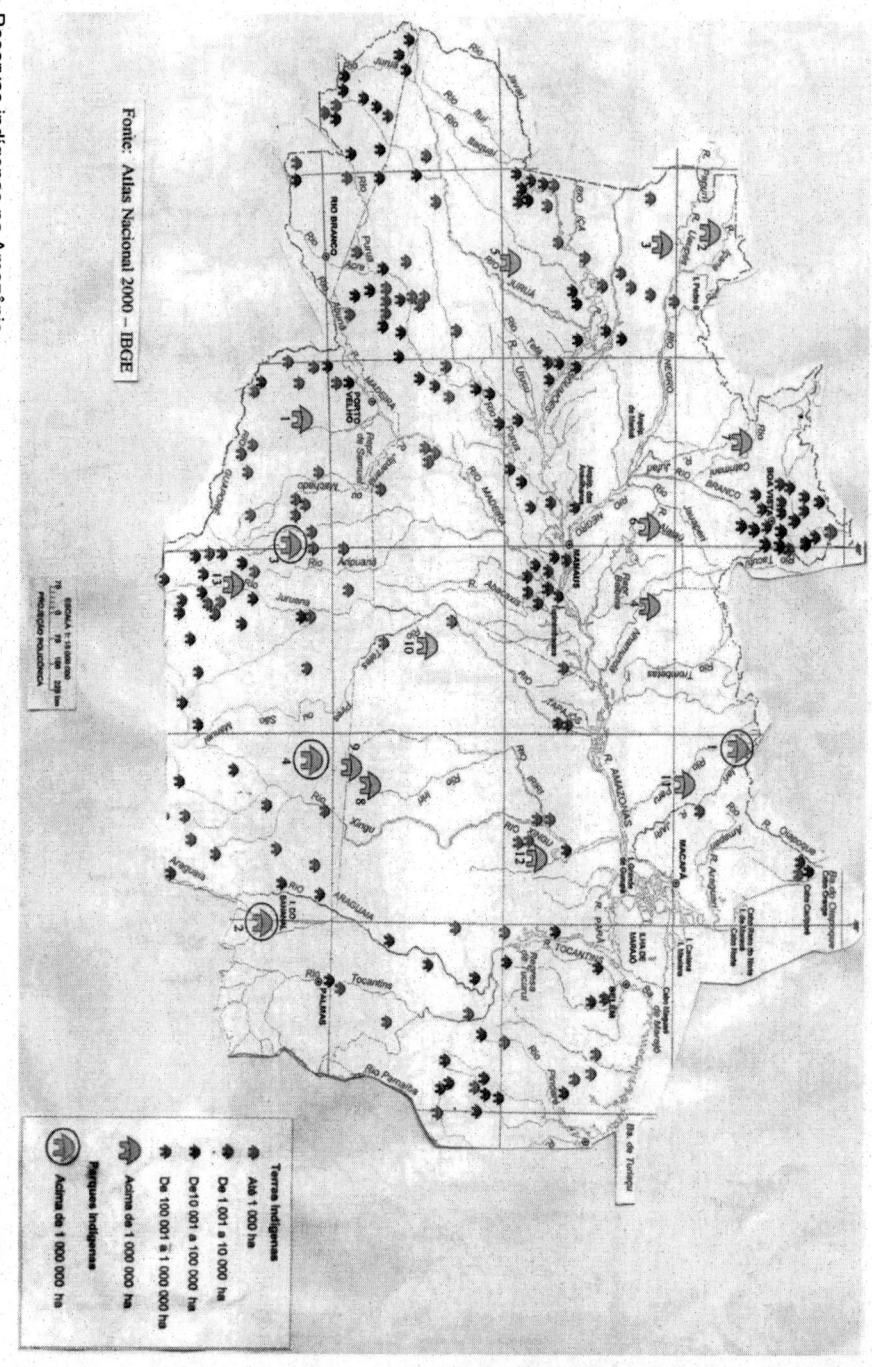

Reservas indígenas na Amazônia.

Fonte: Atlas Nacional 2000 – IBGE

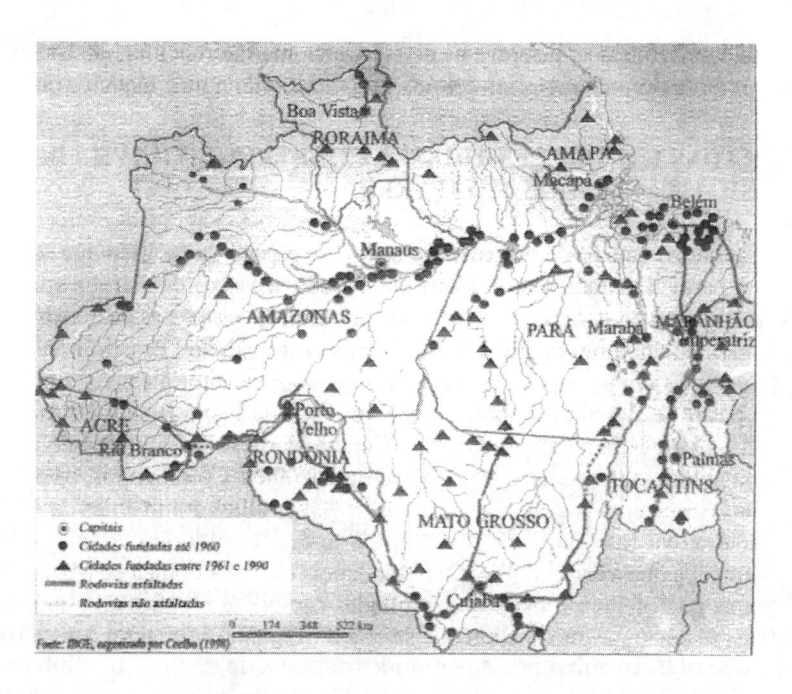

As cidades da Amazônia antes e depois de 1960.

Deste modo podemos dizer que uma Amazônia estava descartada, aquela do padrão rio-várzea-floresta. Não é a partir das suas condições culturais e ecológicas que ela será incorporada à nova dinâmica do capitalismo, agora profundamente internacionalizado. Ao contrário, e mais uma vez, ela será apropriada material e simbolicamente pelos valores dos "de fora".

Como o móvel das diferentes fases de modernização tem tido como base o mercado, a Amazônia não se apresentava como sendo o referencial, até porque sendo vista como "vazio demográfico" era, por natureza, "vazio de mercado". Além disso, a herança na própria Amazônia de um sistema de troca em que o dinheiro estava praticamente ausente, como no caso do aviamento, e de uma região já marcada por uma extrema concentração de riqueza nas mãos das elites não oferecia um mercado regional.

Além disso, sob diferentes modos de produção e de vida, as populações tradicionais da região combinavam produção para o mercado com a produção voltada para a reprodução familiar, ou seja, não pautavam suas vidas por uma preocupação exclusivamente econômico-mercantil.

A exclusão social e regional estava, assim, inscrita desde o início no novo modelo de (des)envolvimento que se impunha à região. O mercado está fora.

A região amazônica se inscreve na divisão nacional/internacional do trabalho como exportadora de matérias-primas, sobretudo minerais e madeireiras.

ESTRADAS E HIDRELÉTRICAS: A CONSTRUÇÃO (CIVIL) DO BRASIL-GRANDE DOS MILITARES

Esse novo padrão de organização social do espaço geográfico que se instaura a partir dos anos 60 tem na estrada seu eixo de estruturação. A estrada agora é construída na terra firme por grandes empresas de construção civil, essa aliada umbilical dos militares na construção do "Brasil-Grande".

Seguindo um plano de inspiração dos gestores territoriais civis e militares, a partir de Brasília se abrem três eixos rodoviários: a Belém-Brasília; a Brasília-Cuiabá-Santarém e a Brasília-Cuiabá-Porto Velho-Rio Branco, além de uma grande estrada transversal, a Transamazônica. Como vimos, os protagonistas desse novo padrão não são mais as velhas elites dominantes da Amazônia. A nova fase da modernização se apoia no grande capital, sendo emblemática que a criação da Superintendência da Zona Franca de Manaus, a Suframa, que oferece subsídios aos grandes capitais do centro-sul e internacionais, se dê no mesmo ano em que se cria o Comando Militar da Amazônia. É no mesmo processo que foi extinto o Banco de Crédito da Amazônia que, até então, suportava, com seus subsídios, os velhos seringalistas.

Mesmo o Probor, programa do governo federal que procurava incentivar o "cultivo racional da borracha", versão específica para este setor que procurava estimular as "empresas rurais", garantiu mais recursos para iniciativas em São Paulo, Bahia e Mato Grosso do que propriamente na Amazônia.

Se antes o capital comercial, o regatão, por exemplo, convivia com o caboclo ribeirinho, com as diferentes comunidades indígenas ou com as populações remanescentes de quilombos, agora o capital financeiro e industrial irá disputar seus recursos naturais. No lugar de uma convivência pacífica, teremos a barragem dos rios que aprisionará suas forças, sua energia e, com isso, aumentará a capacidade desse novo capital transformar a natureza, tornando maior o seu potencial de apropriação de outros recursos naturais como a bauxita, o ferro, o caulim, o manganês, o ouro, ou de produção celulose.

A abertura de estradas e o barramento dos rios foram tarefas assumidas pelo Estado. A estrada e a energia são condições gerais de produção essenciais para que as iniciativas particulares de produção se fizessem presentes. No entanto, se são essenciais não são suficientes para garantir que as iniciativas particulares se deem. Como garantir o acesso por parte desse novo capital aos recursos naturais da região? Coube ao Estado regular a propriedade do solo e do subsolo, ou seja, da terra e dos minérios, que eram o objeto dos interesses das novas formas com que o capital se revestia na região. Enfim, era o controle da terra e das minas que se tornava necessário.

O caráter autoritário com que se revestiu a ação do Estado, dentro de um regime ditatorial, acabou por ensejar consequências que marcaram determinado padrão de organização do espaço geográfico amazônico. Em face do poder que os militares empalmavam nos círculos de poder, até mesmo as divergências e composições no interior do estamento militar geravam consequências efetivas. À proposta do Instituto Hudson, do Sr. Herman Khan, de se barrar o rio Amazonas na altura de Óbidos, formando grandes lagos, se insurgiram facções nacionalistas que viam nesse projeto ingerência internacional. A partir daí se define toda uma nova estratégia de ocupação, que toma por base as estradas que, se de um lado, viabiliza os interesses de uma fração da burguesia nacional, no caso as empreiteiras, produz uma profunda ruptura com as classes dominantes tradicionais da região as quais, sabemos, tinham no elo mercantil, via sistema de aviamento, sua articulação com os "coronéis de barranco" e com comunidades caboclas, indígenas, negras. Tudo isso será considerado atraso a ser superado.

O projeto Grandes Lagos, que pretendia dar acesso ao "pré-cambriano" amazônico, riquíssimo em recursos minerais, paradoxalmente, mantinha uma relação mais próxima com o padrão de organização do espaço tradicional da região, em torno dos rios, do que o novo padrão em torno das estradas. Essa opção de integrar a região via estradas e pela terra firme gerou consequências sociais e ecológicas de enormes proporções, particularmente com relação aos desmatamentos, ao avanço da pecuária e de empresas madeireiras, e o destino das populações que já ocupavam a região.

As elites dominantes regionais amazônicas venderam suas terras, seus seringais ou seus castanhais ou, ainda, como comerciantes, se associaram, mais uma vez de maneira subordinada ou marginalmente, aos novos protagonistas da ocupação do espaço regional. O Grupo Bemol de Manaus talvez seja um dos melhores exemplos de setores comerciais tradicionais que conseguiram se associar ao novo padrão. O Grupo J. G. Araújo, também de Manaus, é um exemplo contrário, poderosíssimo desde o primeiro grande ciclo da borracha praticamente deixa de existir nesse novo padrão de organização do espaço que se inicia em finais dos anos 60.

A estrada significa acessibilidade. Embora esteja aberta a todos, nem todos dispõem das mesmas condições sociais e do mesmo poder econômico e político para tirar proveito dessa acessibilidade. É que com as estradas a acessibilidade a recursos, como a terra e os minérios, e sua consequente exploração, está sujeita a toda uma regulamentação jurídica para garantir a sua propriedade. Enquanto incentivos fiscais são colocados à disposição de fazendeiros e empresários, sobretudo do centro-sul do país e até mesmo estrangeiros, as 100 mil famílias de trabalhadores sem terra, que seriam estabelecidas ao longo da rodovia Transamazônica, não passaram de 10 mil famílias. A própria máquina administrativa do governo se mostrava absolutamente inadequada para atender às famílias camponesas. A rica experiência da Zona Bragantina, de uma colonização feita com base na propriedade familiar, foi também completamente ignorada.

UMA GEOGRAFIA DE CONFLITOS

As populações tradicionais da região, que viviam de uma agricultura de subsistência associada ou à pesca ou ao extrativismo de algum produto da floresta, seja borracha, castanha ou mesmo madeira, sofrerão com a crise que pôs fim aos subsídios que mantinham as elites tradicionais. A venda ou mesmo o abandono das propriedades desses setores dominantes tradicionais da região para os *paulistas*, como se convencionou chamar os "de fora", implicou uma mudança radical no uso da terra e dos recursos naturais por parte desses novos protagonistas. Não é a floresta ou o rio e suas relações que interessam, como era para o modo de produção e de vida do espaço amazônico até então.

A pressão sobre os recursos naturais dessas populações remanescentes passa a ser intenso. Muito embora o nível de vida dessas populações fosse caracterizado pela pobreza, a disponibilidade de recursos naturais seja na floresta, seja nos rios, permitia que desenvolvessem práticas culturais extremamente ricas e diversificadas e com potencial para melhorar seus padrões de alimentação e saúde. Já salientamos que esses padrões haviam melhorado sensivelmente com a crise que atingiu o seringalismo a partir da década de 1910/1920.

As populações, que em grande parte haviam migrado do Nordeste, haviam aprendido a conviver com a floresta, se apropriando do saber das populações indígenas acerca de ervas medicinais, frutos aromáticos e comestíveis, além de *venenos*, como o timbó, que facilitavam a pesca etc. O modo como se apropriavam da natureza implicava uma determinada forma de convivência com os ecossistemas regionais que passam, a partir dos anos 70, a ser disputados partindo de outros referenciais, com uma valorização seletiva de um ou outro elemento isolado da natureza: o minerador está interessado no subsolo, pouco se importando com o solo, com o rio ou com a floresta que, para ele, são obstáculos; o pecuarista vê a floresta como mato a ser derrubado para se transformar em pasto; o madeireiro, com a abertura das estradas, pode explorar além das cercanias dos rios, ao ter acesso à terra firme e, com o combustível para a sua serra elétrica e a energia, que se torna disponível para a instalação de serrarias, promoverá uma intensificação da exploração de madeiras de alto valor, como o mogno, por exemplo; mesmo as famílias de camponeses que vieram do Sul ou do Nordeste, cuja cultura não foi forjada na convivência com a floresta, mas sim com a sua derrubada, reproduzem na Amazônia essas práticas.

1 - Xingu-Araguaia
2 - Carajás
3 - Araguaia-Tocantins
4 - Trombetas
5 - Altamira
6 - Pré-Amazônia maranhense
7 - Rondônia
8 - Acre
9 - Juruá-Solimões
10 - Roraima
11 - Tapajós
12 - Amapá
13 - Juruena
14 - Aripuanã
15 - Marajó

POLOS
● Agropecuários
○ Agrominerais

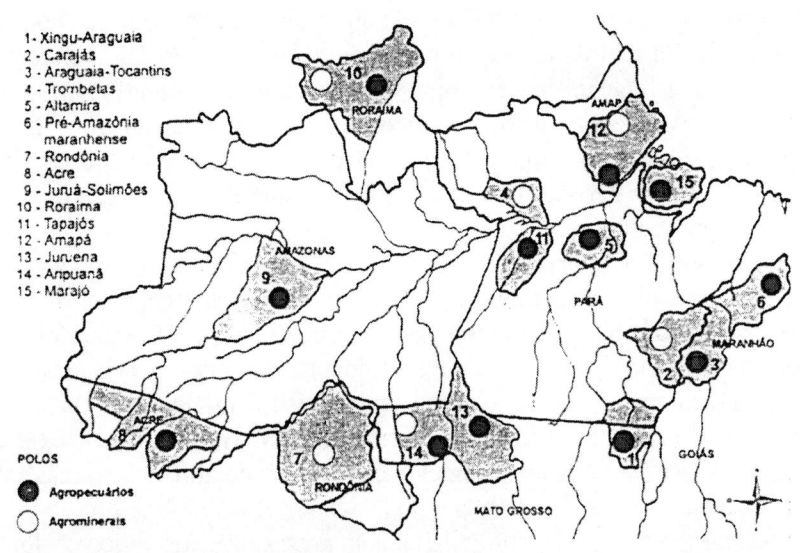

Os Polos de Desenvolvimento na Amazônia brasileira, 1974.

O conflito protagonizado pelos diferentes sujeitos que conformavam a paisagem amazônica, expresso nos dois padrões de organização do espaço, é intenso e desigual, desfavorável às populações tradicionais da própria região em primeiro lugar, mas também, como vimos, extremamente penoso para as famílias de trabalhadores migrantes atraídos para a região e abandonados à sua própria sorte em um ambiente social, política e ecologicamente para eles desfavorável.

Se na crise vivida com a queda do velho seringalismo, no início do século XX, essas populações tiveram tempo de se adaptar às novas circunstâncias, o mesmo não se dará a partir da década de 1970. Agora, a rapidez do impacto estava associada ao próprio padrão tecnológico, na qual a velocidade estava determinada pelos circuitos industriais e financeiros nacionais-internacionais que impulsionavam essa nova dinâmica. Assim, a floresta é derrubada; o rio é barrado para fornecer mais energia ou é poluído pela turbidez dos desbarrancamentos das suas margens ou contaminado pelo mercúrio.

Os dois padrões de organização do espaço têm ritmos diferenciados de relações dos homens-mulheres entre si e com a natureza. O fluxo de matéria e energia é extremamente distinto. Tem sentido falar-se de impacto ambiental, sobretudo como parte do novo padrão que começa a se instalar, até pelo fato de que a expressão "impacto" revela que é algo externo que se choca com uma determinada realidade. Assim poderíamos usar a expressão intercâmbio orgânico para a relação que as populações tradicionais mantinham com os ecossistemas. A estrada e as hidrelétricas revelam uma capacidade maior de transformar os recursos naturais da região, alterando completamente a dinâmica do fluxo de matéria e energia. A dimensão social se apresenta imbricada com a questão ecológica.

A partir de 1974, quando o então ministro Delfin Netto *descobriu* a vocação pecuária e de exploração mineral para a Amazônia, os incentivos fiscais da Sudam voltaram-se particularmente para os grandes projetos pecuários e para os polos de exploração mineral. Para a exploração das enormes riquezas minerais que o levantamento aerofotogramétrico efetuado em 1965 pela USAF – United States Air Force e, também, pelo Projeto Radam haviam revelado exigia-se, além de mão de obra, toda uma infraestrutura não só de transportes, mas sobretudo de energia.

Uma enorme campanha publicitária, com forte apelo ideológico nacionalista, foi posta em prática procurando atrair migrantes de todo o país. Afinal, os minerais da Amazônia haveriam de pagar a dívida externa ou, como se falava à época, iam resolver a crise do balanço de pagamentos. Pagava-se a dívida externa, faziam-se concessões de pesquisa e lavra para grandes grupos estrangeiros, construiu-se toda uma infraestrutura necessária a esses fins sob *slogans* ironicamente nacionalistas, como "Integrar para não Entregar". As grandes empresas de engenharia e construção civil apareciam como sendo as principais protagonistas da abertura deste novo eldorado. Desde o governo JK, acostumadas à contratação de grandes obras com dinheiro público e associadas à construção de verdadeiras obras de significação patriótica, como o caso de Brasília, essas empreiteiras apresentavam-se como sendo os novos desbravadores, os novos bandeirantes. Seus vínculos com os governos ditatoriais tornaram-se extremamente próximos, não sendo raros os militares e ex-ministros contratados como assessores especiais dessas grandes empreiteiras ou mesmo convidados a fazer parte dos seus conselhos diretores. Talvez aqui, torne-se claro o equívoco de se chamar o regime ditatorial de ditadura militar, caracterização que acaba por absolver os civis que davam suporte àquele regime.

O impacto dessas construções na geografia da Amazônia foi, como não poderia deixar de ser, enorme. As estradas cortando a terra-firme devassavam ecossistemas praticamente desconhecidos pelos novos migrantes, fossem eles camponeses ou fazendeiros.

Esse desconhecimento ia desde o relevo e a topografia, tidos erroneamente como planos, como se a Planície Amazônica, por exemplo, cobrisse os 4,9 milhões de km^2, numa visão homogeneizada de uma área, que corresponde a nada mais, nada menos, que 54% do território brasileiro; aos solos, equivocadamente vistos separados da floresta que lhes fornece um horizonte A de matéria orgânica decomposta e que sem a floresta se mostram incapazes de sustentar o impacto das chuvas e ao processo de lixiviação-laterização intensificados; à floresta, cuja riqueza em biodiversidade era praticamente desconsiderada, desmatando-se o que sequer se conhecia; ao ciclo hidrológico das cheias-vazantes, estação seca-chuvosa que, na Amazônia particularmente, depende da própria evapotranspiração da floresta; às tradições socioculturais das populações indígenas e caboclas tidas, aliás, como símbolos do atraso e da ignorância e, mais grave ainda, como não passíveis de serem portadoras de direitos.

Mesmo numa região onde a titulação da propriedade fundiária era juridicamente pouco consistente, já que as classes dominantes rurais não dispunham de títulos seguros, até porque grande parte delas, vivendo do extrativismo, pouco se interessava pela terra propriamente dita, mas sim pelos produtos que a floresta abrigava; ou em que a maior parte das terras era pública ou devoluta e, portanto, de domínio público, os habitantes da floresta eram simplesmente expulsos sem condições de exercer direitos que a própria legislação lhes garantia, tanto por ignorarem esses mesmos direitos, como pelas condições geográficas de isolamento que facilitava a violência dos novos apóstolos da modernização.

A chegada dos novos migrantes se, por um lado, atendia à demanda de mão de obra para a própria construção das estradas e das hidrelétricas, por outro lado, deixava um rastro de miséria e desemprego quando essas obras terminavam. Como se tratava de grandes obras, foram construídos enormes acampamentos para operários, muitos dos quais deram ensejo a vilas e cidades. O atual estado de Rondônia, ao longo da BR-364, e o estado do Pará, sobretudo ao longo da rodovia Belém-Brasília, estão repletos de exemplos dessa situação.

O garimpo tornou-se, então, uma opção para a sobrevivência dessas populações na medida que a estrutura agrária que apostava na grande propriedade pecuarista não deixava grandes alternativas. O garimpo de Serra Pelada, abrigando no auge mais de 80 mil trabalhadores, foi a melhor expressão dessa imagem de riqueza-miséria que esse modelo de desenvolvimento engendrou na Amazônia.

Assim uma organização espacial extremamente original se configurou, onde vilas e cidades apareciam e desapareciam num piscar de olhos, como se estivéssemos diante de acampamentos provisórios. Depois de peregrinar, seja do Nordeste, do Sul ou do Sudeste para a Amazônia e, já na região, de canteiros de obras para cidades, dessas para garimpos ou desses para aquelas, de tentar viver entre um pequeno pedaço de terra e um garimpo, o destino final de muitos desses migrantes acabou sendo as capitais dos estados amazônicos, particularmente Belém ou Manaus.

A colonização oficial se restringiu a algumas áreas selecionadas segundo critérios geopolíticos de povoamento, com destaque para Rondônia, sobretudo após 1974. Em outras áreas, como no norte de Mato Grosso, o Estado apelou para a colonização privada, o que ensejará o surgimento de cidades e municípios controlados por empresas de colonização.

No entanto, o número dos que demandaram à região por meios próprios foi significativamente maior do que o dos que estiveram vinculados aos projetos governamentais, em virtude da própria política de modernização do campo nas demais regiões do país que consagraram a grande propriedade fundiária como modelo acentuando e, dessa forma, a já tradicional concentração de riquezas. Estes que migraram para a Amazônia sem dúvida vivenciaram dias de verdadeiro terror em virtude de não contar com nenhum suporte institucional que garantisse sua segurança e assentamento. Os sindicatos de trabalhadores rurais se constituíram nas únicas instituições com que puderam contar e, para isso, muito contribuiu a ação de padres e leigos ligados às Comunidades Eclesiais de Base, assim como partidos políticos de esquerda que à época haviam sido condenados a uma vida clandestina pela ditadura civil-militar.

Os conflitos tornaram-se agudos em virtude da "busca de terras por parte de migrantes do nordeste e do centro-sul do país querendo terra para trabalhar e os grandes fazendeiros terras para capitalizar ou para especular", conforme afirma a cientista social A. G. Abelém.

Estudos realizados no Pará pelo professor Francisco de Assis Barbosa, por exemplo, dão conta de que a proporção de terras ocupadas, seja por grandes fazendeiros seja por famílias camponesas, se manteve a mesma entre 1970 e 1985, na base de dois terços da terra para os latifundiários ou grandes proprietários, que sabemos são em número pequeno, e um terço das terras para as famílias camponesas. O interessante a destacar é que essa proporção se manteve, apesar das enormes dificuldades encontradas pelas famílias camponesas para se assentarem, haja vista a ausência de políticas voltadas para a pequena propriedade familiar. Cabe-nos destacar, no entanto, que o fato de essas famílias conseguirem manter a proporção de área por elas ocupada demonstra uma enorme capacidade de reprodução social, o que por si só deveria servir de alento para quem deseja criar um modelo de desenvolvimento socialmente sustentável.

Considere-se que, em parte, essas famílias camponesas, ao desbravar a floresta e estabelecer o seu roçado, muitas vezes não faziam mais do que "amansar a terra" para algum fazendeiro que, aproveitando-se quase sempre de situações-limite vividas por essas populações abandonadas à sua própria sorte, num segundo momento, pressiona pela compra de suas terras, seja simplesmente lhes oferecendo dinheiro para comprá-las, seja ameaçando-lhes com jagunços e pistoleiros quando a sua proposta de compra não era aceita.

Registremos que a geografia da violência na Amazônia indica sua maior intensidade exatamente na área onde mais efetivamente se fizeram presentes as ações desse novo modelo de desenvolvimento, ou seja, ali onde maior foi a extensão de estradas construídas, de hidrelétricas e de grandes empresas de exploração mineral, além de maior número de fazendas pecuaristas e de empresas do setor madeireiro, ou seja, no sul e no sudeste do Pará, na Amazônia maranhense e no estado de Tocantins, na tristemente famosa região do Bico do Papagaio.

É que a maior acessibilidade às terras dessa região começou a fechar o cerco para que as famílias camponesas pudessem se reproduzir por meio de migrações sucessivas para as regiões mais afastadas. O cerco se fechava exatamente em virtude da maior acessibilidade que as estradas ofereciam a sujeitos sociais desigualmente providos de condições de se apropriar das terras. O *vazio demográfico* amazônico não constituía um vazio de grandes proprietários.

Não é de se estranhar, portanto, que a questão fundiária tenha se tornado particularmente uma questão militar, como o demonstram os Grupos Executivos criados para cuidar do Baixo Amazonas – Gebam – e do Araguaia-Tocantins – GETAT. Mesmo sob os cuidados diretos dos setores militares, a questão fundiária na Amazônia não apresentou uma evolução diferente do caráter concentrador de propriedade que historicamente caracteriza a sociedade brasileira. Ao contrário, a Amazônia chega aos anos 80 e 90 com a maior concentração fundiária entre todas as regiões brasileiras.

Deste modo, grande parte dos problemas do campo acabam sendo transferidos para a cidade, pelo êxodo rural. Todavia, não se pode imputar exclusivamente ao mundo rural os problemas vividos pelas cidades amazônicas.

UMA GEOGRAFIA SOCIALMENTE SELETIVA

A própria política industrial posta em prática na região trazia as marcas da concentração de riqueza e acentuava a desigualdade social. Destaquemos que não era empresa de qualquer porte que conseguia se beneficiar dos incentivos fiscais oferecidos pelo governo, por exemplo, para se implantar na Zona Franca de Manaus. São as empresas de maior porte, aquelas que conseguem se aventurar por mercados mais longínquos. Sendo assim, essas empresas, que já são grandes no seio dos complexos industriais dos seus lugares de origem, acabam conformando nessas regiões para onde se dirigem um padrão industrial de perfil ainda mais concentrado, além de conformar uma concentração do capital ainda maior à medida que ampliam seus mercados e, consequentemente, suas possibilidades de faturamento e lucro. Nas palavras do sr. Roberto Cohen, superintendente da Zona Franca de Manaus, em entrevista ao *Jornal do Brasil*, de 29.1.1986:

a Zona Franca de Manaus tem grande importância para a Amazônia Ocidental porque ativa a economia da região, gerando empregos. Mas o país todo é beneficiado. Só São Paulo fornece 86% dos insumos necessários às indústrias ali instaladas. Evidentemente, isso gera milhões de empregos aqui em São Paulo.

Aqui a captura do espaço amazônico pelos centros de poder econômico localizados no centro-sul do país se manifesta de modo evidente. Belém, que sempre exerceu seu papel de capital regional da Amazônia por sua posição privilegiada nas proximidades da foz do grande rio, passa, a partir dos anos 1960, com a criação da Suframa, a perder sua influência sobre Manaus que, por sua vez, intensifica suas relações com São Paulo. A região perde suas relações espaciais internas tradicionais e se fragmenta.

Ainda como parte desse novo padrão de organização do espaço que vem sendo desenhado na Amazônia cabe destacar as chamadas *company towns* que representam

> uma implantação moderna na Amazônia, introduzindo uma nova paisagem e um novo estilo de vida, que muito pouco ou nada tem a ver com a paisagem e a população regionais. Mas a *Company Town*, por outro lado, reproduz o padrão classista da cidade brasileira: bairro dos quadros técnico-administrativos superiores; bairro do pessoal intermediário e bairros operários, cada um deles distinguindo-se, nitidamente, na paisagem urbana (Lobato, 1987).

Espontaneamente, formam-se periferias nos extramuros dessas cidades-modelo, como é o caso de Laranjal do Jari, antigo Beiradão, no estado do Amapá, que se formou defronte a Monte Dourado, do outro lado do rio Jari, já no estado do Pará, onde se encontra a sede e os bairros de engenheiros e pessoal administrativo superior do famoso Projeto Jari; Porto Trombetas, no município de Oriximiná, Pará; criação da Mineração Rio do Norte (Grupo Alcan, Votorantin, Shell e Cia. Vale do Rio Doce); Carajás, com sua periferia Parauapebas-Rio Verde (Cia. Vale do Rio Doce) e, ainda, Oriente Novo (Grupo Itaú), Jacundá (Grupo Brascan) e Santa Bárbara (Britsh Petroleum), essas em Rondônia.

> Um núcleo urbano com relativo conforto para os funcionários da empresa e uma periferia com pouca ou nenhuma infraestrutura para as famílias desapropriadas de migrantes que chegam atraídos pelos projetos. O controle da companhia é total (Abelém, 1992).

Nesses casos evidencia-se outra característica das migrações para a Amazônia. Assim como na área rural não só migraram camponeses em busca de terras, mas também fazendeiros que vieram na esteira dos incentivos fiscais, as grandes empresas de construção civil e de exploração mineral demandavam uma mão de obra qualificada que a região, por suas características tradicionais, não dispunha. Muitos engenheiros e técnicos foram atraídos com bons salários e com essas condições de infraestrutura urbana de melhor qualidade dessas *company towns*.

Assim, configura-se uma paisagem marcada pela discriminação social, que enseja condições para preconceitos sociais, nessa paisagem os naturais da própria região e os migrantes também sem qualificação para as atividades urbanas ocupam a escala inferior da hierarquia social, com todas as sequelas e estigmas que daí derivam.

Essa configuração da paisagem social urbana é reveladora das contradições do modelo de desenvolvimento, pois nessas *company towns*, por exemplo, as condições de habitação, saúde, educação, transporte e abastecimento são, pelo menos inicialmente, assumidas pelas próprias companhias. Suas periferias, marcadas por um contraste gritante, ficam sob a responsabilidade de poderes públicos municipais ou estaduais sem recursos para oferecer esses mesmos serviços até porque a isenção fiscal foi uma das estratégias para atrair essas empresas.

Assim como chamamos a atenção para a paulatina desvinculação de Manaus e Belém, é preciso destacar que essas *company towns* estão diretamente vinculadas a redes e circuitos financeiros e industriais que transcendem a região. Suas ligações com a própria região são débeis e basicamente de extração de matéria e energia. Cada local, de modo fragmentado, mantém seus vínculos com o exterior, suprimindo a escala regional e mesmo nacional. Na verdade a própria desigualdade social preexistente, tanto em âmbito regional, como aquela embutida no próprio cerne da sociedade brasileira, mesmo em seus centros econômicos mais dinâmicos, mantém-se e se reproduz nesse novo estágio de des-envolvimento da Amazônia.

UMA URBANIZAÇÃO SEM CIDADANIA

Embora a imagem da Amazônia esteja sempre associada à floresta, aos rios e à violência que mata e desmata, a geografia humana regional é fundamentalmente urbana. O censo de 2000 aponta que 70% dos que habitam a região moram em cidades, segundo o IBGE. No entanto, o processo que ensejou essa urbanização se deu, de um lado, como resultado de um determinado modelo agrário e, de outro, por um modelo industrial que não abarcava a população regional. A população urbana regional será vista, frequentemente, como *invasora* quando busca afirmar necessidades elementares de sobrevivência como, por exemplo, ter um pedaço de chão, muitas vezes de água, numa palafita, para morar. "Em Belém, metrópole regional, 40% das famílias mais pobres percebem 10% da renda total gerada em 1980, enquanto os 10% das famílias mais ricas detiveram cerca de 40% da renda total."

Isso tem reflexos diretos na configuração espacial intraurbana:

> Com o empobrecimento da classe trabalhadora e dos migrantes, a população mais carente é expulsa das áreas centrais, através de programas de remoção e renovação urbana ou são expulsas indiretamente pelos elevados impostos, aluguéis e especulação imobiliária. As próprias baixadas vão sendo urbanizadas e sua população passa a migrar internamente nessas áreas, em busca de casa própria, que lhe dê abrigo e garanta sua reprodução (Abelém, 1989).
>
> Por outro lado, cresce o fenômeno das invasões coletivas, seja na área central ainda sem edificações, seja na periferia, em áreas sem nenhuma infraestrutura. Verticaliza-se a área central e cresce horizontalmente a periferia. Ampliam-se os problemas sociais e ambientais: ocupação de áreas alagadas, de periferias desequipadas, transporte precário, condições sanitárias insalubres, falta de água tratada e de esgoto, coleta e tratamento de lixo incipientes (Abelém, 1992).

Em Manaus a paisagem social não é diferente:

> Com o grande afluxo de migrantes, a cidade reestrutura-se: a população de melhor poder aquisitivo desloca-se para condomínios e bairros planejados; a zona central e arredores vêm sendo ocupados por escritórios, sedes de empresas, consultórios médicos, lojas etc., enquanto a população de baixa renda vem penetrando as áreas anteriormente ocupadas pela classe média, preferencialmente, ao longo dos igarapés, com toscas palafitas (IBGE, 1991).

A extrema mobilidade da população, que migra de um lugar para outro, tal e qual um *peão*, termo consagrado pelo uso popular, revela, na verdade, a dinâmica que o capitalismo vem empreendendo à organização espacial brasileira nas suas diferentes escalas local, regional, nacional. Como já nos ensinara Adam Smith, a livre mobilidade do capital pressupõe a livre mobilidade da força de trabalho. Numa pesquisa efetuada em 14 municípios ao longo da Estrada de Ferro Carajás constatou-se que 51,5% da população era de migrantes, sendo que 60% havia migrado entre 1970 e 1980 (Becker, 1989). No município de Ananindeua, na Grande Belém, 44% da população era de migrantes que ali vivia a menos de dois anos.

Esses fatos por si mesmos implicam enormes dificuldades para o planejamento de infraestruturas pelo poder público. Além disso, essa extrema mobilidade da população comporta também a desagregação das estruturas familiares. Decorre daí uma fragilização desses dois pilares do processo de socialização: a família e a escola.

A marginalização social atinge níveis excepcionais. Os indicadores sociais da Amazônia são os piores do país. Em 1980, a região Norte contava com um médico para cada 2.261 habitantes, taxa inferior do Nordeste, que possuía um para cada 1.781 habitantes. Somente 4% da população da Amazônia é servida por serviços de esgotamento sanitário (Catálogo Brasileiro de Engenharia Sanitária e Ambiental – Cabes/1990). O serviço de abastecimento de água atende a somente 70% da população urbana da região Norte, contra 78% no Nordeste; 83% no Centro-Oeste; 91% no Sudeste e 90% no Sul (Cabes/1990). Dados recentes do IBGE condenam por si mesmos os grandes projetos implantados na Amazônia. Vejamos: a cidade de Manaus se coloca como a capital que tem maior proporção de população favelada entre todas as capitais do país; o município de Laranjal do Jari, no Amapá, antigo Beiradão, aparece como o município recordista em proporção de população favelada entre todos os municípios brasileiros (IBGE). Note-se que tanto a Zona Franca de Manaus, como o Projeto Jari foram implantados objetivando levar o desenvolvimento e gerar empregos para a população regional.

De fato o modelo de desenvolvimento que se abateu sobre a Amazônia a partir dos anos 60 se fez a partir de uma íntima associação de interesses dos grandes capitais nacionais e internacionais, guiado por um projeto geopolítico da lavra de gestores territorialistas civis e militares e com suporte das agências multilaterais de fomento ao desenvolvimento, como o BID e o BIRD. Era a partir do aval dessas instituições que bancos privados e grupos empresariais italianos, alemães, norte-americanos e canadenses, entre outros, se sentiram seguros para fazer seus investimentos na Amazônia. Hoje, quando se faz uma avaliação dos resultados da implantação desse modelo, não há como se deixar de identificar a responsabilidade desses agentes na devastação e miséria que deixou em seu rastro. Tudo isso ainda agravado pelo fato de ter sido efetuado a partir de governos que não expressavam a vontade popular, pois se tratavam de uma ditadura. Nem por isso as instituições internacionais deixaram de dar seu aval, o que, no mínimo, as desqualifica como interlocutores para protagonizar um modelo de desenvolvimento que tenha a democracia como valor essencial. Não são os valores sociais ou os ambientais que as têm movido, mas, sim, os interesses, sobretudo os econômico-financeiros.

A AMAZÔNIA: ENTRE A ORDEM E O CAOS

Nos últimos anos à Amazônia tem sido associada a ideia de desordem tanto social como ecológica. A desestruturação da organização do espaço tradicional da região, em torno dos rios, e a tentativa de implantação de um novo padrão nos abre a perspectiva de entendermos essa nova configuração geográfico-social.

Afinal, para que um determinado padrão de organização espacial se configure, se cristalize, como morfologia social da paisagem geográfica, a dimensão temporal é decisiva. Há um mapa de significações que se forja historicamente que põe as coisas nos seus devidos lugares, que ordena o mundo e que faz com que cada ação tenha sentido para a vida de cada um e de todos.

Não temos dúvida de que um determinado padrão de organização do espaço em torno dos rios se fez presente na Amazônia até os anos 60/70, tal como analisamos. A partir de então, esse padrão não consegue mais se reproduzir. Na complexa teia que conformava esse *bloco histórico* (Gramsci) as alianças e articulações políticas intra e extrarregionais foram desarticuladas a partir dessa época. A extinção do Banco de Crédito da Amazônia, por exemplo, instituição que até a época era o elo das classes dominantes tradicionais da Amazônia com as classes dominantes do bloco de poder em âmbito nacional, ilustra a quebra de um dos mecanismos de reprodução daquele padrão de organização do espaço.

O novo padrão que tenta se implantar na região, pós-anos 60, não chegou propriamente a se efetivar com aqueles atributos que nos indicasse a conformação de um padrão de organização do espaço estrada-terra firme-subsolo. Não que não tenha sido tentado. Faltou-lhe aquela dimensão temporal que pudesse ter ensejado a subjetivação de um novo mapa de significações, forjando uma paisagem geográfica com um mínimo de permanência e estabilidade, que conformasse em todos e em cada um o quadro que desse sentido às suas vidas.

Assim, um padrão de organização do espaço, o dos rios, foi quebrado em seus mecanismos de reprodução sem que um novo viesse a se configurar. Eis a verdadeira razão da ideia de desordem e caos que reina quando se analisa a Amazônia, sobretudo, a partir dos anos 80.

Podemos dizer que até a década de 1960, a Amazônia se organizava sob a hegemonia do capital comercial. Como é da natureza do capital comercial, mais do que uma apropriação direta dos recursos naturais, o que lhe é importante é o controle das vias de acesso, das vias de circulação. Aqui, sem dúvida alguma, a imensa e intrincada rede hidrográfica da região foi uma importante aliada do capital comercial, permitindo que se lançasse capilarmente pelos lugares mais recônditos da Amazônia.

Deve-se reconhecer o papel que o regatão teve e continua tendo nesse processo. Ao mesmo tempo, esse regatão se configura como um personagem ambíguo da paisagem social da região: é ele quem circula entre os caboclos ribeirinhos, as diferentes comunidades indígenas ou de quilombolas, se interessando pelos seus excedentes intercambiáveis, mas respeitando seus territórios. Depende disso para sua sobrevivência. A confiança é fundamental para manter sua clientela. Assim, esses comerciantes dos rios cumpriram um papel importante na história de liberdade contra o controle da força de trabalho que, desde os tempos coloniais, tentaram impor aos índios e negros, principalmente. Instituições oficiais, como o Estado e a Igreja, ao contrário, os viam com desconfiança "por embebedarem os indígenas a fim de fazerem seus rendosos negócios".

Como sabemos, o capital comercial não se afirma por sua inserção produtiva e, assim, não é capaz de, por si só, engendrar um domínio territorial e político efetivo. A continuidade da ação do capital comercial só pode, portanto, permanecer se tiver um suporte político e, mais especificamente, militar. Na Amazônia, o controle militar das águas foi decisivo para o controle da região. Acrescente-se a estratégia de estabelecer vilas, povoados ou missões exatamente na desembocadura de cada grande afluente do rio Solimões-Amazonas. A propriedade formal da terra era secundária.

Sendo assim, por qualquer lado que se olhe, a água, o controle dos rios, se constituem nas chaves para compreensão da Amazônia até a década de 1960. A dimensão político-militar é decisiva na conformação geográfica da Amazônia exatamente pela inserção frágil da sociedade que se propôs a dominá-la.

A partir dos anos 60 a hegemonia do capital comercial se desloca para o capital financeiro e industrial. O capital comercial era basicamente local e regional. O capital financeiro e industrial, por sua vez, era externo à região, vindo do centro-sul do país e do exterior. O capital comercial era constituído por uma miríade de pequenos capitais. Donos de pequenas embarcações que, por sua vez, por meio de mecanismos *clientelísticos* exercia pequenos monopólios sobre as famílias de ribeirinhos, mediadas inclusive por relações de *compadrio*. Era um capital familiar à região. Pelo sistema de aviamento, e em torno de Belém e Manaus, se estruturava a organização do espaço amazônico. Esses pequenos monopólios derivavam, em parte, da própria configuração geográfica caracterizada pelo isolamento desses caboclos e dessas comunidades, e se fazia por meio do corpo a corpo do próprio comerciante-regatão.

Já o capital financeiro e industrial, que chega a partir dos anos 60 e 70, era de grande porte. Era aquele capital que podia se aventurar por grandes distâncias além de seu lugar de partida. Tinha uma forte tendência para o grande monopólio. Geralmente já era grande antes de chegar à região. A magnitude desses capitais implicava que não deixassem muita margem para o insucesso ou para o acaso. Seus proprietários não têm nada de familiar, sendo, via de regra, sociedades anônimas que, como tal, atuam com a objetividade impessoal dos números, expressos numa contabilidade cuja diferença é o lucro indiferente à realidade social e ecológica da região. Em vez das relações de *compadrio* e *clientela* do capital comercial, chegava pelos braços do Estado, onde o tráfico de influência não estava ausente seja por meio de *lobbies*, seja através de algum ex-militar convidado a ser membro do Conselho Diretor de uma grande empresa, ou empresário que apoiou o golpe político de 1964.

Como a natureza não se transforma espontaneamente em mercadoria e, em lugar algum do mundo, a lógica econômica se afirmou sobre outras formações socioculturais por sua superioridade, nesta nova fase que se abriu na organização do espaço amazônico a violência também se mostrou como parteira. E como a violência em si mesma não é capaz de afirmar os interesses que por meio dela tentam se realizar, necessário que ela se torne legítima não só em termos políticos, como também dos valores.

O Estado, pelo monopólio exclusivo da violência, aparece portanto legitimando politicamente o novo modelo. E aqui o Estado não é o local/regional, mas sim o Estado Federal que inclusive federaliza territórios estaduais. Em termos de valores é o progresso e o desenvolvimento que a exploração dos recursos naturais propiciará.

Para o novo capital importa se apropriar da natureza como objeto de trabalho, como matéria-prima. Se antes o capital comercial convivia com o caboclo ribeirinho, com as diferentes comunidades indígenas ou com as populações remanescentes de quilombos, agora o capital financeiro e industrial irá disputar seus recursos naturais. No lugar dessa convivência teremos a barragem dos rios que aprisionará suas forças, sua energia e, com isso, aumentar a capacidade desse novo capital transformar a natureza tornando, com isso, maior o seu potencial de apropriação de outros recursos naturais como a bauxita, o ferro, o caulim, o manganês, o ouro, ou ainda explorar a celulose.

O sucesso econômico desse modelo, no entanto, não pode ser desprezado. A Amazônia, que nos anos 1960 contribuía com pouco mais de US$ 200 milhões para a balança comercial do país, passa para algo em torno de US$ 2,5 bilhões a US$ 3 bilhões nos inícios dos anos 90. É uma performance econômica invejável. Destes, cerca de US$ 400 milhões a US$ 500 milhões são de recursos do mundo vegetal e US$ 2,5 bilhões são de minérios.

A ação do Estado era, na verdade o móvel desse novo surto desenvolvimentista e, consequentemente, a crise de financiamento do Estado atingiria o cerne desse padrão que se tentava implementar na região. A enorme dívida que o estado havia adquirido, sobretudo após 1964, se agravara com a crise da balança comercial que se seguiu à chamada de crise do petróleo (em 1973 com um repique em 1979), e a do balanço de pagamentos, esta particularmente com o aumento unilateral das taxas de juros promovido pelos países credores nos inícios dos anos 80. A partir daí, assistimos ao abandono das grandes obras de infraestrutura. O abandono da construção e manutenção das rodovias, como é no caso da Transamazônica, não só deixou sem opção de emprego aqueles que para a região migraram, como também impediu que tanto fazendeiros como produtores familiares pudessem manter uma relação mais estreita com o mercado. Há, assim, um recrudecimento de uma economia de subsistência, e mesmo um refluxo de migrantes de Rondônia e Mato Grosso que retornam ao sul do país.

Assim a Amazônia começa a ver populações pobres buscando retomar uma economia natural, uma tradição da região, agora em um novo contexto. O impacto do novo modelo foi sobretudo desestruturador. Ele não visava a sociedade local/regional e, mesmo, nacional. Ele se referenciava na inserção, na divisão internacional do trabalho que reservava um lugar importante para a Amazônia, sobretudo, com a exportação de minério/energia, madeira e pasta de celulose. Não havia um mercado regional que pudesse servir de suporte a uma economia sustentável. As próprias relações sociais que lhes serviram de base eliminavam essa possibilidade. Afinal, tanto a construção das grandes obras de infraestrutura como os complexos minerometalúrgicos ou de produção de pasta de celulose se fizeram com a geração de empregos em número restrito, em que a mão de obra qualificada era importada de outras regiões para viverem em espaços de "enclave" onde existiam condições de infraestrutura especiais, a que não tinham acesso aqueles que eram a mão de obra sem especialização e de baixos salários, muitas vezes contratados para serviços temporários. Na Amazônia vimos se reproduzir uma espécie de nova "casa-grande e senzala" ou mesmo de um regime de bantustão às avessas, no qual os "brancos" ficam isolados em bairros protegidos.

Os grandes projetos, no entanto, estão estruturalmente ligados à divisão internacional do trabalho e se mantêm até hoje na Amazônia. A energia elétrica de Tucuruí continua com preços subsidiados para as empresas que exploram bauxita em Oriximiná, Barcarena e São Luís e para a Vale do Rio Doce, com suas exportações de ferro do Programa Grande Carajás. Essa energia barata continua sendo condição para a competitividade dessas empresas. Suas linhas de transmissão atravessam áreas cujas casas dos caboclos, carvoeiros e demais trabalhadores rurais são iluminadas com luz de vela. Foi grande e bem-sucedido o empenho do *doublé* de político e militar, Coronel Jarbas Passarinho, para que o então presidente Fernando Collor de Mello mantivesse os subsídios para essas grandes empresas, logo ele que, em nome do mercado e da modernidade, se propunha a acabar com os subsídios.

O depoimento de um membro de uma comunidade negra da região do rio Trombetas, José Santa Rita dos Santos, é revelador do que acabamos de expor. Diz-nos que:

> O pobre no começo ele podia fichar na MRN (Mineração Rio do Norte), hoje é só pessoa que tem segundo grau e essas pessoas no Rio Trombetas é difícil. Se a pessoa quer trabalhar, tem que fichar na empreiteira, trabalhar ganhando o salário mínimo e a limpar correia de bauxita, se ele quiser trabalhar. Fica difícil um pai de família que tem 6, [ou] 7 filhos dar conta de uma família. Desse jeito fica difícil, o pobre está escravizado.

Nessa nova configuração da divisão internacional do trabalho o caso específico do alumínio é emblemático. O Japão, por exemplo, era autossuficiente em alumínio em 1973. Hoje não produz uma tonelada de alumínio em seu território, mas continua sendo um dos países que mais consomem alumínio no mundo [...]. E a maior fábrica japonesa de alumínio não está nos satélites asiáticos que o Japão consolidou no período. Está em Barcarena a 40 km de Belém. (L. F. Pinto, 1993).

Para não falarmos da fábrica Alumar, em São Luís/Maranhão, que pertence a norte-americana Alcoa (60%) e ao grupo holandês Shell (40%).

O que se esconde no lingote de alumínio, ou no ferro exportado pela Vale do Rio Doce, é a energia de Tucuruí, por exemplo. E aqui vemos concretamente como o aval do Banco Mundial foi decisivo para que os capitais japoneses, americanos, ingleses, alemães, franceses e holandeses financiassem esses grandes projetos de "integração nacional", como diziam os ideólogos *nacionalistas* da época.

A Zona Franca de Manaus, um dos principais projetos daquilo que Francisco de Oliveira chamou de "colonização por interesses", se vê hoje, em uma crise profunda: os 100 mil empregos diretos no Distrito Industrial de Manaus, na altura de 1980, ficaram reduzidos a cerca de 48 mil empregos em 1992. Não resta dúvida que a abertura comercial, negociada ao mesmo tempo que se negociava o pagamento da dívida externa, generalizou para o país o que antes era um atributo específico de Manaus. As vantagens de uma zona franca ficaram enfraquecidas quando todo o país praticamente passa a ser uma. Fábricas de automóveis que tinham montadoras em Manaus hoje obtêm vantagens fiscais em municípios e estados do sul do país, numa guerra dos lugares por emprego e renda em que a grande moeda de troca é o Estado abrir mão de recolher impostos. A fragilização do Estado numa região como a Amazônia, onde o capitalismo não foi capaz de gerar mecanismos próprios de autorreprodução, acaba por ensejar o recrudecimento de práticas seculares de uma economia natural.

Ao mesmo tempo essa retomada de uma economia natural, de uma economia não monetizada ou fracamente monetizada, se dá num contexto em que os velhos mecanismos de mediação sociopolíticos foram desmontados ou fragilizados. Há, assim, não só uma crise do Estado, como também uma crise nos mecanismos de articulação política no seio da própria sociedade, deixando espaço para que não só a economia informal cresça, como falam alguns, mas, principalmente, um certo tipo de economia informal que opera em sociedades sem pactos de regulação minimamente estabelecidos. Um exemplo, não sem importância na Amazônia, é a emergência de uma *lúmpen-burguesia* nos interstícios dessa nova configuração regional na qual a exploração do ouro, que atinge cerca de 80 a 100 toneladas anuais, se torna a principal atividade regional, envolvendo, por baixo, entre 450 mil e 600 mil trabalhadores diretos em garimpos.

O garimpo é um desses setores em que vemos uma acirrada disputa pela apropriação dos recursos naturais entre empresas legalizadas e formais, de um lado e, de outro, novos empresários desprovidos de outros tipos de capitais culturais, mas dispondo de conhecimentos práticos de mineração, geralmente egresso da massa de trabalhadores atraídos e postos à margem por esse novo modelo que se tentou implantar na região. Uns tendo acesso aos cartórios estatais de concessão de exploração, pesquisa e lavra, outros dispondo dos conhecimentos práticos.

O narcotráfico também encontra um terreno amplamente favorável para *limpar* o dinheiro patrocinando atividades ligadas à mineração do ouro e da cassiterita. De resto, sabemos, estas atividades acabam se encontrando, à jusante dos mecanismos de comercialização e distribuição, com o sistema formal das grandes empresas do setor mineral. Já podemos detectar movimentações bancárias incompatíveis com as economias formais de vários municípios da Amazônia, sobretudo em zonas fronteiriças. Alguns políticos da Amazônia já tiveram seus mandatos cassados, além de outros sobre os quais pesam denúncias de vinculação com a rede de narcotráfico. Ao mesmo tempo vemos a criação de zonas de livre comércio, exatamente ao longo de rotas do narcotráfico já identificadas, como Brasileia e Cruzeiro do Sul, no Acre, ou Guajará-Mirim, em Rondônia ou, ainda, Macapá no Amapá.

Assim, por meio da mineração, do sistema bancário, do próprio sistema político e administrativo vemos interconexões entre o legal e o ilegal. Trate-se de um polo capaz de servir como atrator para um conjunto de atividades e, sem dúvida, pode vir a articular em torno de si um padrão próprio de organização socioespacial. Não nos esqueçamos de que somente na atividade de extração do ouro, em grande parte clandestina, está envolvida uma produção anual em torno de 80 a 100 toneladas, ao que nenhuma outra atividade legal é capaz de se igualar em termos de valor.

A relevância com que se reveste essa atividade na Amazônia de hoje não nos deve fazer esquecer que, ela mesma, longe de ser causa do quadro que ora se configura, é, ao contrário, uma das consequências possíveis que medrou em meio a uma profunda desorganização societária e que, hoje, gera essa sensação de desordem e caos.

Temos observado nos últimos anos a tentativa de se construir uma nova imagem da Amazônia: a de "desordem ecológica e social". O que gostaríamos de sugerir é que o que temos hoje é a manifestação na Amazônia de diferenciadas ordens, de múltiplas lógicas que durante séculos foram encobertas e que agora se apresentam ao debate público com viva voz, sem intermediários. Na verdade, a Amazônia vive hoje uma clara crise de hegemonia. Aqueles que se propuseram construir um novo modelo de desenvolvimento na região conseguem, no máximo, manter os projetos de exportação de matérias-primas/energia como verdadeiros *enclaves*. Sobrevivem desse modelo alguns segmentos que continuam atuando na exportação de madeira, na pecuária e na construção civil que, sem incentivos fiscais, não têm o mesmo fôlego para se reproduzir, até porque exigiria a construção e ampliação de uma infraestrutura de estradas e energia cujas condições para obtenção de empréstimos internacionais já não são tão favoráveis.

A AMAZÔNIA DIANTE DA NOVA ESTRATÉGIA GEOPOLÍTICA – O "AVANÇA BRASIL" – UM NOVO (NOVO?) PADRÃO DE ORGANIZAÇÃO DO ESPAÇO

No final dos anos 90, mais especificamente após 1998, a sociedade brasileira e sua geografia entraram em crise. O padrão de organização espacial hegemonizado pelo grande capital monopolista que, de braços dados com os gestores estatais tentava se formar na Amazônia após 1966-67 não consegue mais se sustentar. Esse padrão de organização – desenvolvido em torno das entranhas do subsolo – já havia quebrado o padrão anterior, estruturado até os anos 1960 em torno dos rios e hegemonizado pelo capital comercial e seus clientelismos. Com a falência dos dois modelos apresentados, uma nova tendência vem sendo tentada pelos gestores estatais. Trata-se de um programa de abrangência nacional que prevê 42 projetos de investimentos básicos, inicialmente denominado "Brasil em Ação" e, recentemente, após a reeleição do presidente Fernando Henrique Cardoso, rebatizado como Programa Plurianual de Ação (PPA) e mais conhecido como Avança Brasil. Nele uma ideia aparentemente nova – a de Eixos de Integração e Desenvolvimento vem comandar as políticas de caráter territorial.

Esse programa tenta implementar uma verdadeira mudança no padrão de organização do espaço brasileiro que dominara nossa formação socioespacial de 1930 até os anos 1980 e entrou em crise quando o Estado perdeu sua capacidade de investimentos, em virtude, dentre outros motivos, da forte pressão pelo pagamento da dívida externa.

O padrão de organização do espaço que dominara naqueles cinquenta anos – a "industrialização substitutiva de importações" – havia se baseado (1) numa forte capacidade de investimentos do Estado e (2) na criação de um mercado interno que, ainda que excluindo parcelas significativas da população pela acentuada desigualdade na distribuição de renda, fôra capaz de se tornar referência para a dinâmica da acumulação capitalista no Brasil. Pela primeira vez em nossa história, a geografia social e econômica da acumulação de capital no Brasil passou a girar em torno de um polo localizado no interior de nosso próprio território.

Os anos 80 assinalaram a fragilidade de um regime ditatorial que, sem contar com apoio popular, se mostrou incapaz de enfrentar as pressões internacionais pela abertura de nossa economia. Assim, muitos dos protagonistas do regime ditatorial de 1964-1985 se converterem em liberais, contribuindo para acelerar o processo de desmonte da "Era Vargas" e todos os investimentos estatais do período que, agora, passam a ser observados como obsoletos e ultrapassados.

O novo padrão de acumulação que vem se desenhando por meio dos Eixos de Integração e Desenvolvimento tem por base "a estabilidade econômica, a abertura econômica e a recuperação da capacidade executiva do Estado". No Avança Brasil, conforme explana o documento do Ministério dos Transportes:

> denota-se a adoção de um novo modelo de desenvolvimento, voltado para a produção, que deverá propiciar a materialização de projetos de infraestrutura, necessários ao crescimento econômico. Dentro da atual ótica do Estado, estes investimentos deverão ser divididos com a iniciativa privada, servindo-se dos processos de concessão e privatização dos serviços públicos. [...] Tal programa foi concebido de modo a promover o desenvolvimento autossustentado e reduzir as disparidades regionais, mediante ações que propiciem a criação de empregos, principalmente através do investimento privado, nacional ou estrangeiro (EIA-RIMA da Hidrovia do Araguaia-Tocantins – Fadesp, 1999, p. 07).

O programa conta, mais uma vez, com aportes do Banco Mundial.

É interessante acompanharmos de perto os documentos mais detalhados produzidos pelos órgãos governamentais para especificarem cada uma dessas grandes obras, desses grandes Eixos de Integração e Desenvolvimento. Para tanto, são particularmente interessantes os estudos de impacto ambiental, posto que são feitos exatamente para a obtenção de licenças para as referidas obras. Lá podemos observar que por trás de novas terminologias escondem-se velhas práticas. Aliás, não é preciso ser um linguista para perceber que mesmo a linguagem não é nova, como pode-se depreender nos termos "Avança Brasil" de hoje e "Prá Frente Brasil" de ontem, além de outras expressões mais específicas, que indicam que nos movemos dentro de um mesmo universo discursivo.

Observemos um pouco mais de perto: "Realmente a competição mundial, a capacidade de produção de nossa agricultura, a *fertilidade de nossas terras*, que praticamente constituem *a última fronteira agrícola do planeta* e a própria necessidade de produzir cada vez mais, a preços cada vez menores, têm levado tanto os produtores como as instituições governamentais à busca de valores de fretes cada vez mais baixos e que possam tornar os produtos mais competitivos" (Idem, p. 18). Esses documentos salientam ainda que:

> a exportação de grãos é realizada praticamente apenas para o Hemisfério Norte, uma vez que ali estão os principais países consumidores. Tal aspecto, até aqui desprezado, aliado ao fato de nossos centros produtores estarem gradativamente transferindo-se para o Centro-Oeste e Norte do país, *em sentido oposto aos tradicionais estados produtores do sul*, indica uma alteração da matriz de origem/destino dos transportes de cargas internas do país (Idem, pp. 18-19).

Observe-se a nova espacialidade indicada pelos interessados e suas implicações para as regiões Centro-Oeste e para a Amazônia, qual seja, "a matriz de origem/destino dessas regiões vai em sentido oposto aos tradicionais estados produtores do sul" e, deste modo, os eixos seriam de integração ao mercado internacional e não de integração com as demais regiões do país, como se poderia esperar de uma formulação que tanta ênfase dá ao caráter de Integração e Desenvolvimento. Aliás, o documento do Ministério dos Transportes é surpreendentemente claro quando diz, sem nenhuma cerimônia, que "a exportação de grãos é realizada praticamente apenas para o Hemisfério Norte, uma vez que ali estão os principais países consumidores", já indicando que a produção que será feita ao longo dos eixos não se destina às populações dessas mesmas regiões o que está longe de propiciar integração.

Assim, além dos grandes projetos de exploração mineral (Programa Grande Carajás, Alcoa, Albrás, Alumar e Mineração Pitinga, entre outros), que ganharam destaque exatamente por sua função principal de geração de divisas para o pagamento da dívida externa e que continuam se mantendo, vemos novas áreas inscreverem-se no novo mapa das contradições socioespaciais amazônicas. Referimo-nos, aqui, em particular, ao Eixo que liga Manaus a Boa Vista e, daí, integra-se à Venezuela seja por rodovia – a BR-174, seja pela rede de transmissão de energia que liga Boa Vista ao Complexo Hidrelétrico de El Guri, na bacia do vale do rio Caroni, afluente do Orenoco. Trata-se de uma região extremamente complexa que passa a receber a migração de fazendeiros pecuaristas, empresários de soja, além de famílias de trabalhadores sem terra, garimpeiros, numa área de grande concentração mineral e, ao mesmo tempo, onde é grande a presença de populações indígenas, com destaque para os Yanomami, a noroeste de Roraima, e para os makuxi, a nordeste do mesmo estado.

O Brasil, em 1997, em acordo com o governo venezuelano de então, se comprometeu a comprar a energia excedente de El Guri para o que já estendeu as linhas de transmissão até as fronteiras. Pelo lado venezuelano o atual governo tem se visto diante de impasses para fazer cumprir o que, à época, fora feito à revelia das comunidades indígenas. Os índios Pemon que habitam a região pelo lado venezuelano da fronteira estão derrubando as torres de transmissão que serviriam para sustentar a rede que atravessa suas terras. Essa área é particularmente delicada na medida que energia significa, do ponto de vista técnico, maior capacidade de transformação da matéria e, sendo a região particularmente rica em minérios, a tendência é que aumente a pressão sobre os territórios dessas populações originárias.

De fato, a competição mundial intensifica os parâmetros de produtividade (exigindo a intensificação dos processos produtivos) o que nos coloca diante da necessidade de um pensamento mais complexo, capaz de dar conta das múltiplas dimensões envolvidas que, com certeza, condenam uma ótica exclusivamente econômico-empresarial até aqui predominante.

Dois outros Eixos de Integração, o do Madeira e o do Araguaia-Tocantins expõem, nas cabeceiras dos rios envolvidos, áreas de cerrados e de tensão ecológica imbricadas com a floresta ombrófila, além de populações com culturas extremamente diversificadas que vão de indígenas e caboclos, passando pelos retireiros do Araguaia, até gaúchos, mineiros e nordestinos.

Não nos esqueçamos que nos cerrados, que ocupam 20% do território brasileiro, nascem rios de enorme importância como o Araguaia, o Tocantins, o Xingu, os formadores do Tapajós, do Madeira, do Paraguai (o São Lourenço, o Cuiabá, o Taquari), além do São Francisco, do rio Doce (Minas Gerais e Espírito Santo), e do Paranaíba, um dos formadores da bacia do rio Paraná. O cerrado é, como bem disse Guimarães Rosa, uma verdadeira "caixa d'água".

Ademais, "a fertilidade de nossos solos", mais uma vez apregoada ufanisticamente, contrasta com o que se lê nos próprios documentos governamentais como, por exemplo, "a ocorrência de espessa cobertura de sedimentos arenoargilosos, mal consolidados, e que resulta em terrenos frágeis, se inicia ao sul da bacia [do Araguaia-Tocantins], nas proximidades de Barra do Garças (MT), projetando-se para o norte, constituindo a ilha do Bananal e a área entre os rios das Mortes e Araguaia" (Idem, p. 47); ou ainda:

> a ocorrência de extensas áreas cobertas por sedimentos francamente arenosos, argilosos e lateríticos, localizados nas porções altas da bacia, é proveniente da desagregação das rocha sedimentares. Esses sedimentos constituem chapadões agricultáveis com monocultura de soja e compartimentos de relevo distintos, *de alto potencial erosivo. Nesta região são reconhecidos traços erosivos profundos e voçorocas de grandes dimensões* (Idem, p. 46)

Ou, mais ainda, quando descrevem a pedologia do rio Tocantins dizendo-nos que:

> nas encostas íngremes das unidades de planalto situadas a leste e oeste do rio, *verificam-se os processos erosivos intensos e profundos*, manifestados em voçorocas, ravinas e sulcos, muito embora distantes e separados da calha do rio por uma larga área deposicional (Idem, p. 50).

Assim, é extremamente perigoso repetir-se o tom ufanista que caracterizou os anos 70 e 80, em que o "integrar para não entregar", acabou ensejando, até pela falta de debate, um verdadeiro desastre ecológico e social. É de triste memória essa mensagem ora repetida "da última fronteira agrícola do planeta" que tantos dissabores nos trouxeram não só no plano internacional como, sobretudo, para as populações locais e, ainda, para os que desavisadamente, e de boa-fé, migraram para a região buscando melhorar suas condições de vida.

Não nos esqueçamos que, sob o mesmo pretexto de ocupar "a última fronteira", se fez toda uma malha viária com base no rodoviarismo, que contou com fartos financiamentos internacionais e, na época, foi visto como "a única solução", quando sabe-se que, em tese, a hidrovia era mais viável que a rodovia. Trata-se, mais uma vez, de uma estratégia discursiva de forte componente autoritário que tenta, a *priori*, desqualificar aqueles que eventualmente levantam pontos que criticam o projeto em cada momento de apreciação. Mais uma vez observa-se uma visão sobre a região se impondo à visão dos que são da região. Talvez fosse a hora de ouvirmos a sensata observação do velho Karajá: "Estragaram muita mata para fazer as estradas e agora, em vez de melhorar elas, querem estragar o rio".

Particularmente para os habitantes do rio Araguaia e do rio das Mortes o desprezo é rigorosamente total. É o que se depreende quando atentamos que "no rio Araguaia, as cargas advindas das regiões mais altas, Aruanã (GO) e Nova Xavantina (MT), no rio das Mortes, serão concentradas na cidade de Xambioá (TO) e deste ponto, através das rodovias BR-153/010/226 ... e daí seguindo viagem. Assim, pode-se dizer sem sombra de dúvidas, que aqueles que habitam ao longo desses 1.230 quilômetros ficarão literalmente 'a ver navios'", ou melhor, a ver os empurradores e barcaças passando ao largo do rio. Mais uma vez a ideia de Eixos de integração perde completamente qualquer consistência que não a de servir de retórica.

Nesse "exportar é o que importa" os Eixos de Integração e Desenvolvimento acabam sendo via de mão única e todo o investimento que a sociedade está fazendo para sua implantação rigorosamente não tem retorno.

Para que isso ocorresse, é claro, seria necessário que o projeto visasse a uma maior democratização de seus beneficiários, posto que, com essa melhor distribuição, com certeza, um mercado interno estaria, na retaguarda, demandando bens e serviços de volta. Entre essas medidas incluiria-se o estabelecimento de um teto máximo para o tamanho das propriedades que pudessem receber recursos públicos. No caso da Amazônia, qualquer empreendimento em propriedade com mais de 500 hectares deveria buscar apoio financeiro somente em bancos privados, tendo em vista que o dinheiro público, além de ter que ser gasto com zelo deve ainda visar a construção de um país, o que implica a construção de um *ethos* que dê sentido à vida dos que habitam aquele território. Para tornarmos o raciocínio mais claro, tomemos para base de cálculo a área total da Amazônia brasileira – 490 milhões de hectares. Se admitíssemos como modelo para a Amazônia a empresa do Sr. Olacir Morais, com seus 120 mil hectares de terras plantadas com soja, teríamos cerca de 4.083 empresários bem sucedidos em toda a região. Isso significa, com o rigor da lógica matemática, que se esse modelo for desejado, e tudo indica que novos "olacir morais" estão sendo subsidiados e mais, se esse modelo der certo, teremos alguns poucos felizardos, mas, com certeza, jamais construiremos uma sociedade ou um país.

Com um modelo com esses pressupostos, o chamado "custo-Brasil", seja lá o que isso signifique, é verdadeiramente alto, posto que unilateral, isto é, somente para exportação. O que mais onera o chamado "custo-Brasil" é, sem sombra de dúvida, a extrema concentração de riqueza e poder existente no país. E isso jamais poderá ser superado enquanto permanecermos prisioneiros da lógica que privilegia a dimensão econômica.

Finalmente, nos vemos ainda obrigados a apontar as limitações dessa visão verdadeiramente obcecada pela integração aos mercados internacionais e que ignora tudo aquilo que a reunião da Organização Mundial do Comércio (OMC) realizada em Seatle, EUA, viria explicitar, e que o Fórum Social Mundial de Porto Alegre, em 2001, demonstrou por meio de múltiplos protagonistas. Destaquemos três conceitos que vêm crescendo no debate internacional e que, certamente, deverão estar subjacentes ao debate que cada vez mais se fará em relação ao futuro imediato da Amazônia: 1) O de segurança alimentar, em que cada país deve priorizar o seu mercado interno; 2) A chamada cláusula de barreira social, onde um país pode barrar a importação de um determinado produto cuja competitividade derive da superexploração da força de trabalho, seja de trabalho escravo ou infantil e; 3) A cláusula de barreira ambiental, pela qual um país pode barrar o livre comércio de um determinado produto cuja competitividade derive de uma produção ambientalmente insustentável.

O momento que vivemos é altamente favorável para que novas perspectivas e novos valores sejam incorporados à sociedade que queremos construir. A própria inserção do Brasil na comunidade internacional, objeto central das preocupações dos Eixos de Integração e Desenvolvimento, não pode continuar nas mesmas bases com que veio se dando até aqui em que devastação ambiental e desigualdade social estiveram subjacentes à competitividade dos produtos brasileiros. A gritante desigualdade de distribuição de renda é uma dessas dívidas históricas que precisamos sanar. A região amazônica dispõe, também, de um riquíssimo patrimônio de sociobiodiversidade que, com certeza, poucos países no mundo dispõem. Assim, os direitos humanos, o meio ambiente, a diversidade cultural e a justiça social longe de serem obstáculos são, na verdade, grandes trunfos para uma política externa que traga em si a construção e um outro país. Pelo menos esses são os valores que os movimentos sociais da Amazônia apontam.

Nos estudos e pesquisas de campo que pudemos realizar constatamos que a melhoria da malha viária da região é, com certeza, um pleito comum a todos os protagonistas envolvidos – desde as comunidades indígenas, os produtores familiares, os fazendeiros, os retireiros, ribeirinhos, mulheres quebradeiras de coco de babaçu, colonos e vaqueiros da região. Percebemos que alguns setores ligados aos interesses específicos implicados nos Eixos de Integração e Desenvolvimento tentam estabelecer uma equação maniqueísta: trata-se, na verdade, de uma estratégia discursiva em que esses setores tentam se apropriar da ideia da qual são eles os únicos portadores do progresso, e que esse progresso se dá por meio desses Eixos. É como se todos os bons estivessem a favor dos Eixos e todos os maus, contra. Ora, não se sustenta a ideia que desenvolvimento tenha uma única via. Em todos os sentidos em que se queira considerar um sistema viário, ele é uma via, um caminho que como tal deve ter princípio e fim ou, para ser mais objetivo, deve ter princípios e fins. E aqui sejamos claros para que nenhuma dúvida paire: princípios e fins não são conceitos geométricos, mas como valores que queremos para nossas vidas.

Tudo indica que o desenho que se está forjando com o Programa Avança Brasil se assemelhe ao padrão de organização socioespacial que vigorou no Brasil antes dos anos 1930, ficando conhecido como "arquipélago socioeconômico", posto que cada região se ligava ao mercado internacional e não a outras regiões do país. Talvez aqui devêssemos lembrar das análises do então sociólogo Fernando Henrique Cardoso acerca do empresariado brasileiro que, segundo ele, não se interessa em participar da política, isto é, dos destinos da pólis, ou que só se interessa pela política na exata medida em que esta implicar seus interesses privados. Ou, quem sabe, estivéssemos vendo simplesmente atuar o sentido meramente econômico dessa empresa chamada Brasil, posto que "brasileiro" é um dos poucos adjetivos pátrios que termina em "eiro" e, tal como o mineiro é assim chamado porque vive de explorar as minas e o usineiro por explorar as usinas, o brasileiro é, rigorosamente, aquele que vive de explorar o Brasil.

Assim, é preciso superar essa verdadeira armadilha discursiva que associa Eixo de Integração e Desenvolvimento a progresso, reduzindo desse modo o desenvolvimento a uma única perspectiva, a econômico-empresarial. Sabemos que essa estratégia discursiva tem sido tão eficaz quanto dramática e como o país vem experimentando, há quatro décadas, os efeitos desse progresso e desse desenvolvimento, com resultados pífios, pelo menos para a maior parte da população.

O Brasil e o mundo têm, hoje, a oportunidade de conhecer outras perspectivas que emanam do interior da floresta, dos ramais, das picadas, dos *travessões* daqueles que dispõem de um saber até aqui desqualificado, mas que ganha direito de cidadania em função das novas dimensões que o conhecimento adquire para o futuro da humanidade no processo de reorganização societário em curso. É ao estudo desses protagonistas que nos dedicaremos agora.

OUTRAS AMAZÔNIAS: AS LUTAS POR DIREITOS E A EMERGÊNCIA POLÍTICA DE OUTROS PROTAGONISTAS

INTRODUÇÃO

É necessário destacar que a crise do Estado, que começa a se esboçar já na década de 1970, não se dá de modo homogêneo em todo o território nacional. No caso da Amazônia tomar isso em consideração é da máxima importância, até pelo fato de que a nova expansão capitalista se dava a partir de uma presença estatal decisiva.

Diante da crise no padrão de acumulação pós-64 que se deu sob regime político ditatorial, observamos aquilo que os cientistas políticos chamaram de "transição por cima", ou na linguagem dos próprios ideólogos do regime ditatorial em crise, de "abertura lenta, gradual e segura". Como é da natureza do fenômeno sociopolítico-cultural, esse processo de transição democrática não foi linear nem tampouco sob o controle absoluto daqueles que, de certa forma, conseguiram conduzi-lo. Tanto no interior do próprio bloco de poder, como demonstram os casos Riocentro e o assassinato do jornalista Herzog, como no tecido social, o processo foi tecido com contradições.

A emergência de uma imprensa independente e crítica, sobretudo pelo que se convencionou chamar de "imprensa nanica", além de uma série de movimentos populares que tentava expressar os direitos de cidadania, conseguiram imprimir marcas populares ao processo de transição democrática.

A Amazônia participou ativamente neste processo de redemocratização do país. Nomes como os dos jornalistas Lúcio Flavio Pinto, Elson Martins, Edilson Martins, Márcio de Souza entre outros, ou jornais como *Porantim* (Manaus), *Varadouro* (Acre), num primeiro momento, ou *Jornal Pessoal* (Belém) ou a *Folha do Amapá* depois, procuraram expressar as aspirações dos amazônidas. Para não falarmos de toda uma imprensa de mimeógrafo amplamente utilizada por movimentos comunitários e sindicais.

É a Amazônia o laboratório social de onde emerge a CPT (Comissão Pastoral da Terra) ou o Cimi (Conselho Indigenista Missionário) ambos vinculados à Igreja Católica que, por meio das Comissões Eclesiais de Base (Cebs), deu um enorme impulso à organização da sociedade civil na Amazônia. A Contag (Confederação Nacional dos Trabalhadores na Agricultura) assim como a Central Única dos Trabalhadores (CUT) também se fizeram presentes no apoio a esses movimentos que emanavam em diversos pontos da Amazônia.

Essas iniciativas são a voz dos que, até então, não tinham como se expressar: populações indígenas, caboclos, seringueiros, castanheiros, açaizeiros, ribeirinhos, pescadores, populações remanescentes de quilombos, mulheres quebradeiras de coco de babaçu, atingidos por barragem, assentados. São, por isso mesmo, movimentos que pleiteiam direitos, a cidadania. Não expressam suas exigências por meio de velhas oligarquias.

"Na confluência entre o povoado, a aldeia, o centro, a beira, e a sociedade mais abrangente, insinuam-se novas intermediações, emanadas da própria capacidade destes grupos imporem lideranças representativas de seus interesses intrínsecos", como afirma o antropólogo Alfredo Wagner B. de Almeida.

São novas identidades coletivas surgidas do léxico político brasileiro emanando ou de velhas condições sociais, étnicas, como é o caso das populações indígenas ou negras, ou remetendo-se a uma determinada relação com a natureza (seringueiro, castanheiro, pescador, mulher quebradeira de coco) ou, ainda, expressando uma condição derivada da própria ação dos projetos recém-implantados ("Atingido", "Assentado", "Deslocado" ou "Pela Sobrevivência na Transamazônica").

Mais do que nunca a Amazônia se torna plural. Não que antes a Amazônia não fosse diversificada. O que há de novo é a manifestação no espaço público por *direitos* daqueles que antes viviam sob a lógica *do favor*. Assim como o capitalismo, para se consolidar em várias regiões do mundo, se fez separando o homem da natureza, mercantilizando a natureza e a força de trabalho, homogeneizando as relações sociais, o que vemos posto por vários desses movimentos sociais é a exigência de um vínculo maior com a natureza, como é o caso dos seringueiros, dos indígenas, das quebradeiras de coco de babaçu ou dos pescadores, entre outros. Há ainda os que disputam um pedaço de terra para se reproduzirem como produtores familiares. Para todos eles a questão da terra se coloca como central.

Todavia, sabemos, a sociedade brasileira como um todo, e em particular a sociedade civil, que com obstáculos imensos emerge na Amazônia, não foi capaz de implantar um conjunto de políticas públicas que viabilizasse o projeto de sociedade que, no fundo, permeia esses movimentos sociais. O aparelho do Estado continuou sob o controle dos "de cima". Na Amazônia, o fato de parcelas significativas dessas populações serem de migrantes, semialfabetizadas ou formalmente analfabetos, muito contribuiu para que elas não conseguissem acessar postos de representação política formal, além das suas próprias entidades sindicais e comunitárias. Só recentemente é que vemos isso, particularmente no Acre, no Amapá e no Pará.

A geografia do processo institucional de transição da ditadura para a democracia também ajuda-nos a compreender as dificuldades dos setores populares em conquistarem lugares na política institucional. É sabido que durante o período da ditadura as eleições diretas para governador dos estados, prefeituras das capitais e outros considerados de segurança nacional foram suspensas.

O processo de redemocratização do país não começou, por exemplo, com a eleição para Presidente da República que, necessariamente, acaba por privilegiar as questões mais gerais e, assim, torna o debate mais nacional e menos local, nessa escala de caráter mais pessoal em que, sabemos, o debate é menos ideológico e doutrinário, como deve acontecer na boa política. No Brasil, ao contrário, a redemocratização começou com as eleições para governador dos estados, em 1982. As eleições para prefeitos dos municípios das capitais, que tendem a ser menos controladas pelas oligarquias tradicionais e, portanto, mais politizadas no sentido do caráter público em que se dá o debate, só se fizeram em 1985, depois, portanto, das eleições para governador.

Sendo assim, por meio da escala de poder estadual, isto é, dos governos estaduais começamos a ver um processo de reoligarquização, no qual setores das velhas oligarquias voltam a controlar o aparelho do Estado nas diversas unidades da federação.

As elites regionais tradicionais, que sempre detiveram o monopólio exclusivo das articulações extrarregionais, veem agora lideranças populares, com base nas novas facilidades de comunicação, via rede telemáticas e outras, estabelecerem seus próprios vínculos e assim adquirirem sua própria visibilidade política. A Amazônia, desde sempre uma região sob debate internacional, se mostra agora, com a ecologização da política, um palco privilegiado onde sempre há holofotes para iluminá-la.

Como a ditadura havia atraído capitais internacionais para financiar as grandes obras de infraestrutura, cujas consequências as populações trabalhadoras sofreram de maneira dramática, aquelas populações transformarão o espaço político ao colocarem suas demandas contra o modelo que vinha sendo implementado para além de um embate em escala local/regional/nacional, mas também internacional.

Assim, emergem vários movimentos sociais que, pelas próprias identidades reivindicadas, indicam que novos sujeitos sociais estão entrando em cena. A partir de meados dos anos oitenta, vários encontros reúnem na Amazônia pescadores, seringueiros, populações remanescentes de quilombos, ou ainda atingidos por barragens, quebradeiras de coco de babaçu, comunidades indígenas e assentados, além de garimpeiros. À exceção deste último, os demais apontam claramente no sentido da autonomia em relação às tradicionais classes dominantes regionais na mediação dos seus interesses com o Estado. Pela segunda vez na história regional da Amazônia os "de baixo" conseguem se expressar, e colocar suas demandas por direitos. A diferença é que hoje, ao contrário de 1835 na Cabanagem, são capazes de estabelecer contatos e alianças com movimentos da sociedade civil, tanto em âmbito nacional como internacional, que lhes tem permitido pelo menos oferecer ao debate suas propostas.

São movimentos de r-existência, posto que não só lutam para *resistir* contra os que matam e desmatam, mas por uma determinada forma de *existência*, um determinado modo de vida e de produção, por modos diferenciados de sentir, agir e pensar.

A R-EXISTÊNCIA SERINGUEIRA: DOS EMPATES ÀS RESERVAS EXTRATIVISTAS (RESEX)

Os seringueiros emergem à cena política a partir do Acre na década de 1970. Por meio dos "empates" tentam impedir que fazendeiros derrubem a floresta para plantar pasto. A dimensão de que se defendiam de uma *invasão* se expressa no modo como denominavam esses os fazendeiros contra quem lutavam: "paulistas". Essa expressão, aliás, se reproduz em vários recantos da Amazônia para designar os que vêm "de fora" e "por cima" da hierarquia social.

No caso específico do Acre e que talvez ilumine experiências vividas em outras sub-regiões da Amazônia, é interessante observar que os antigos donos dos seringais ou venderam suas terras aos paulistas ou simplesmente se omitiram de se colocarem em defesa dos que lutavam contra a destruição da floresta. Os seringueiros se viram assim como protagonistas da defesa não só dos seus interesses próprios mas, também, dos acreanos de um modo geral e que viam seu estado ser invadido. A simpatia com que setores da intelectualidade de Rio Branco viam a luta seringueira, particularmente aquela

O Varadouro, autointitulado "um jornal das selvas" mostra com clareza os conflitos na região.

reunida em torno do jornal *O Varadouro*, nome que indica os caminhos do seringal, demonstra a validade dessa tese.

Os seringueiros a princípio, sob a direção política da Contag, se colocavam como posseiros. A partir dessa condição pleiteavam o reconhecimento da propriedade. Chegaram mesmo, a partir de confrontos, dos "empates", a negociar a troca de suas *colocações* de seringa por outros lotes. No entanto, já no início da década de 1980 começaram a perceber a situação de miséria e abandono a que estavam submetidos os colonos dos Projetos de Assentamento Dirigido (PADS) ou os seringueiros que haviam trocado suas antigas *colocações* de seringa por lotes. A partir daí, e já sob a liderança política do Sindicato de Trabalhadores Rurais de Xapuri e de Chico Mendes, em oposição à Contag do Acre, começam a formular uma proposta política original e que combinava a luta pela terra com a luta por seu modo de vida seringueiro.

Em 1984 levam a Brasília, ao IV Encontro Nacional dos Trabalhadores Rurais da Contag, a proposta de que a Reforma Agrária não poderia ser homogênea para todo o território nacional e, assim, inscrevem a dimensão cultural, do modo de vida, no debate político. Recusam explicitamente o módulo rural do Incra, de 50 ou 100 hectares, já que a condição seringueira requeria uma extensão média de 300 hectares de terra com floresta.

E, já demonstrando uma capacidade própria de construir sua identidade política e articular novas intermediações políticas fundam, em 1985, em Brasília, o Conselho Nacional dos Seringueiros. O Conselho Nacional dos Seringueiros constitui-se em uma entidade *sui generis* pois, ao mesmo tempo que amplia os marcos de atuação dos sindicatos, mantém um vínculo de representação política de base sindical: nenhum dirigente do CNS podia ser de fora do movimento sindical. Sendo assim, evitam a desvinculação da base social e territorial tão comum às chamadas organizações não governamentais que tendem quase sempre, a ter direções muito personalizadas e sem representação política delegada por quem quer que seja.

Ao mesmo tempo; por terem ampliado o espectro da luta dos trabalhadores rurais para além da terra, para o modo de vida que, no caso dos seringueiros, implicava a defesa da floresta, logo se viram próximos dos ecologistas que, por suas próprias e outras razões, defendiam a floresta.

Ao mesmo tempo que se aliam a um movimento de dimensões planetárias, que procura defender a floresta, se colocam, explicitamente, como protagonistas dessa defesa ao afirmarem que "não há defesa da floresta sem os Povos da Floresta" (Chico Mendes). Abrem, desse modo, uma nova dimensão no debate político envolvendo a ecologia ao associar, de modo orgânico, a dimensão social à ecológica.

A proposta das Reservas Extrativistas é o coroamento dessa identidade seringueira. Quem conhece de perto a experiência dos seringueiros sabe que a qualificação extrativista está longe de ser a defesa de uma determinada atividade de modo exclusivo. A própria análise feita anteriormente demonstra que, desde a crise que atingiu o seringal a partir de 1912, o seringueiro só sobreviveu na floresta porque deixou de ser um extrator exclusivo, pois começou a praticar a agricultura junto à sua *colocação*, transformando-se em um produtor agroextrativista.

As Reservas Extrativistas (Resex) se apresentam, assim, como um laboratório vivo, para a busca de um modelo de desenvolvimento que se faça com e a partir de populações que têm um saber efetivo tecido na convivência com a floresta.

A Reserva Extrativista é, ela própria, uma bela construção que surgiu de uma íntima relação entre intelectuais e o movimento social, no caso o sindical. Surgiu da necessidade de se construir uma proposta que correspondesse à vivência dos que lutavam, que incorporasse a sua cultura. Rigorosamente não veio de fora. Ao mesmo tempo, essa proposta haveria de dialogar com a sociedade abrangente, com seus códigos próprios que, tradicionalmente, foi construído excluindo essas populações. Não resta dúvida de que, por trás do conceito das Reservas Extrativistas, está a ideia de Reserva Indígena que, por sua vez, estabelecia tutela daquelas comunidades indígenas por suas características culturais. Subverte o sentido da propriedade comunitária que pela tradição jurídica não é extensivo aos cidadãos, aos não índios, e no presente caso das Reservas Extrativistas, estende-o aos seringueiros.

Retira também daí a ideia de que a terra é comunitária posto que, na Resex, ela é propriedade da União mas com direito de usufruto por parte das famílias, por meio de suas entidades organizadas que formularão o seu plano de uso. Aqui, mais uma vez, a experiência dos seringueiros abre caminhos originais ao criar uma relação nova da sociedade civil com o Estado que merece ser analisada, ainda mais num momento como o que vivemos, em que a reforma do Estado está posta e, via de regra, a partir de matrizes políticas, sociais e culturais que não partem dos setores populares. Aqui estamos exatamente diante de uma propriedade do Estado, da União, no caso gerida pelo Ibama que, no entanto, está sob a responsabilidade de gestão das entidades da sociedade civil organizada.

A Resex combina assim o usufruto de cada família individualmente e a propriedade comunitária, sob a tutela do Estado, mas sob a gestão participativa das entidades da sociedade civil organizada, tendo em vista garantir um uso sustentado dos recursos naturais e, assim, gerando as condições institucionais para que se vá além de um desenvolvimento sustentado, mas sim em direção a uma sociedade que dispõe de instituições que apontam para autogestão. Como nenhuma sociedade ou grupo social é autossuficiente, o vínculo institucional com o Estado abre a possibilidade de diálogo no qual pactos de regulação podem ser ensejados com a sociedade envolvente.

Os seringueiros também trazem à cena política, como movimento social organizado, uma aproximação com as populações indígenas que, ao que sabemos, só estiveram presentes na história da Amazônia durante a Cabanagem. Formularam também a proposta de Aliança dos Povos da Floresta, um dos mais importantes legados políticos de seu líder maior, Chico Mendes. Essa aliança foi extremamente importante para que uma outra visão da Amazônia ganhasse o mundo, pois tanto os índios como seringueiros têm a floresta como *habitat* e isso, indiscutivelmente, ampliou seus horizontes políticos por meio da aliança com o movimento ambientalista.

Os seringueiros, desde a fundação do Conselho Nacional dos Seringueiros, no seio do qual formularam a proposta de Reservas Extrativistas, têm mantido uma íntima aproximação com cientistas e técnicos, com quem buscam não só novos conceitos técnico-jurídicos, como é o caso da própria

Resex, como também buscam a melhoria da qualidade de vida, cuja dimensão ambiental, pela própria trajetória do movimento dos seringueiros, se torna uma necessidade política.

Um dos principais objetivos perseguidos pelos seringueiros é a diversificação da produção e comercialização dos produtos da floresta. Sabem, por experiência própria, que a dependência de um ou de poucos produtos comercializáveis, deixa-os ao sabor das oscilações da lei da oferta e da procura e suas consequentes variações de preços.

Ao mesmo tempo sabem que essa diversificação produtiva depende de uma maior aceitação pelo mercado de uma série de produtos que a floresta e a cultura dos caboclos seringueiros oferecem. Sabem, por isso, que a castanha e a borracha, até porque já são produtos cujos mercado e sistema de comercialização são conhecidos, devem ser objeto de aperfeiçoamento tanto em termos de qualidade como em termos de produtividade. O adensamento de espécies de interesse comercial em alguns poucos hectares dispersos e cercados de floresta por todos os lados oferece proteção fitos sanitária a essas espécies, constituindo o que chamam "ilhas de alta produtividade", e tem sido um outro belo exemplo de diálogo de saberes entre os seringueiros e, nesse caso, o professor Paulo Kageyama da Esalq, de Piracicaba (SP).

Para escapar à troca desigual a que estavam submetidos no *barracão* ou aos regatões e *marreteiros*, os seringueiros vêm desenvolvendo cooperativas. A Caex – Cooperativa Agroextrativista de Xapuri –, fundada em 1988, é hoje a maior empregadora do município, assim como a instituição que mais contribui com impostos na arrecadação do município.

Essas mesmas cooperativas, por outro lado, só se tornaram possíveis em função da importância que os seringueiros deram, desde muito cedo, à educação no bojo da própria construção de sua identidade política. O sentir-se roubado nas contas do patrão, ou do seu preposto, faz parte da cultura seringueira. Aprender a ler, escrever e contar era, assim, uma necessidade política. Sem isso jamais poderiam ser capazes de se emanciparem. A primeira cartilha escrita pelo Projeto Seringueiro, de educação, chamou-se Poronga que, assim como o instrumento que os seringueiros usam na cabeça para iluminar os varadouros quando partem para o corte da seringa de madrugada, a cartilha haveria de iluminar seus caminhos na política.

O Sindicato dos Trabalhadores Rurais de Xapuri mantém, hoje, várias escolas funcionando. Sem essas escolas as próprias cooperativas seriam inviáveis, já que a maior parte dos seringueiros permaneceu até recentemente analfabeta. O próprio Chico Mendes só foi alfabetizado graças a um militante comunista, Fernando Euclides Távora que, tendo que fugir do Ceará, se embrenhou na Amazônia participando inclusive da Revolução Boliviana de 1952. Aqui reside a paixão de Chico Mendes pela educação e pelo socialismo.

A melhoria em termos de educação, saúde e, também, da qualidade dos produtos, tanto da castanha como da borracha, foram maiores nesses últimos anos da história dos seringueiros do que nos cem anos anteriores. Mesmo os tradicionais roçados de subsistência vêm melhorando a produtividade, o que não deixa de trazer uma melhoria nas condições de comercialização da borracha e da castanha, pois não estando premidos pela fome têm condições de comercializarem melhor seus produtos.

Os seringueiros hoje já contam com mais de 4 milhões de hectares de terra decretadas como Reservas Extrativistas, onde tentam implementar esse modelo que aqui apenas esboçamos. Suas lutas encontram-se em estágios muito variados, em função dos diferentes contextos sociogeográficos nos quais estão inseridos. Em alguns lugares ainda lutam para não pagar *renda* ao *patrão*, situação a que muitos ainda estão submetidos, sobretudo nas barrancas do Alto Juruá. Em outros lugares, ainda se defrontam fazendo "empates" contra os desmatamentos ou contra a exploração madeireira, muitas vezes dentro das próprias reservas, como em Assis Brasil ou Sena Madureira. Em outros lugares, ainda, contra a pressão exercida por pecuaristas, como no caso dos que criam búfalos no Amapá, como a própria Cia. Agroflorestal Monte Dourado, do conhecido Projeto Jari.

A lentidão com que a máquina pública se movimenta para contemplar as demandas dos seringueiros é uma clara demonstração como, historicamente, o Estado brasileiro não está preparado para contemplar as necessidades populares, sem que seja por meio dos velhos mecanismos *clientelísticos*. Nisso os seringueiros encontram as mesmas dificuldades dos demais produtores familiares em todo o país. Por isso têm procurado se aliar às diferentes manifestações dos demais trabalhadores rurais brasileiros, como nos últimos "Gritos da Terra", e entendem que as "Reservas Extrativistas (são) a reforma agrária dos seringueiros".

Um exemplo dessa dificuldade de o Estado institucionalizar políticas públicas de interesse popular, sem mediações *clientelísticas*, é a lentidão com que os diferentes níveis da administração municipal, estadual ou federal têm em incorporar a castanha-do-pará (*Bertholethia excelsa*) nos seus programas de merenda escolar. Segundo pesquisas de nutricionistas, a castanha-do-pará tem as mesmas proteínas da carne, sendo que duas a três amêndoas equivalem, rigorosamente, a um bife de 100 gramas de carne bovina. Segundo o então ministro da educação, o físico José Goldemberg, o Brasil despendia, anualmente, US$ 1,8 bilhão nos programas de merenda escolar. Ora, o mercado mundial de castanha oscila em torno de US$ 35 a US$ 50 milhões, ou seja, menos de 3% do que gastamos com merenda escolar! Caso adotássemos a castanha na merenda escolar, não só estaríamos alimentando com qualidade as crianças em todo o Brasil, como incorporando efetivamente as populações tradicionais da

Amazônia, com dignidade, como cidadãos. Eis uma maneira diferente de pensar a nacionalização da Amazônia, que não seja por um viés militarizado. A julgar pelo aumento efetivo da renda média dos associados da cooperativa de Xapuri, sua contribuição para a economia municipal, para a geração de empregos, chega a causar perplexidade quando sabemos que a quase totalidade da sua produção é exportada, sobretudo para os Estados Unidos, e que a maior parte do apoio que têm tido, em termos de financiamento, vem de ONGs internacionais. Nada impede que a Amazônia seja incorporada na agenda nacional, como atesta essa proposta da Caex de incorporar a castanha na merenda escolar. No entanto, a agência do Banco do Brasil, em Xapuri, antes de ser fechada recentemente, alegava não ter linhas de crédito para financiar a compra da castanha na época da safra. Tinha, no entanto, linhas de crédito para financiar a pecuária que, por sua vez, depende da derrubada da floresta. As linhas de crédito, concretamente, expressavam interesses de classe, no caso de latifundiários pecuaristas, contra o das populações da própria região que, no caso específico, eram as responsáveis pela mais importante transformação tecnológica que o município até então já havia passado. Para culminar o modo como o Estado se coloca contra os "de baixo", basta observar que a própria agência do Banco do Brasil, em Xapuri, foi fechada exatamente quando os "de baixo" conseguiram demarcar grande parte das terras do município como Reserva Extrativista e afirmado a própria Cooperativa Agroextrativista. Mais recentemente, com a eleição, e reeleição, de um seringueiro para Prefeito de Xapuri, assim como de uma filha de seringueiros para Senadora da República pelo Acre, é que notamos finalmente o esboço de políticas públicas que minimamente contemplam parte das demandas dos "de baixo".

O movimento dos seringueiros tem uma enorme responsabilidade política herdada do prestígio que o seu maior líder, Chico Mendes, deixou. A imagem de uma liderança autêntica, sem preocupações de consumo material, que combinava a luta por justiça social com a defesa da floresta ainda está bem viva. Foi esse prestígio que fez com que o governo brasileiro criasse o Conselho Nacional de Populações Tradicionais – CNPT, subordinado ao Ibama, para tratar especificamente das demandas por eles colocadas, posto que as repercussões internacionais das ações dos seringueiros eram imediatas. Esse prestígio tem exigido ao mesmo tempo muita lucidez por parte das lideranças políticas dos seringueiros, na medida em que essa relação direta que mantém com o exterior pode levá-los a um afastamento das lutas de outros segmentos sociais que lhes são muito próximos e, de cuja solidariedade dependem para a sua própria sobrevivência. Referimo-nos aqui, em particular, à necessidade que têm de se manter próximos aos setores que lutam pela democratização da terra, por políticas públicas de crédito, preços mínimos e assistência técnica para os produtores familiares que, em muitos lugares, premidos pelas circunstâncias, têm invadido as próprias

Reservas Extrativistas, como foi o caso da Reserva Extrativista de Figueira, no Acre, e mesmo da Reserva Chico Mendes. Assim como as relações internacionais são fundamentais para garantir princípios básicos de cidadania, a incorporação das demandas dessas populações no conjunto de políticas públicas do país será o passo decisivo, o que, com toda certeza, depende da correlação das forças políticas internas ao Brasil.

O maior desafio dos seringueiros tem sido exatamente de manter vivo o canal de articulações internacionais, que se dá principalmente por meio do movimento ambientalista, e as articulações a nível nacional que, sem dúvida, passam por alianças em torno de uma Reforma Agrária, ao mesmo tempo nacional e diferenciada regionalmente, capaz de articular um modelo com justiça social e com a dimensão ecológica.

A R-EXISTÊNCIA DOS ÍNDIOS: TRADIÇÃO E MODERNIDADE

Em torno da problemática indígena, em particular na Amazônia, atualiza-se a tradição histórico-cultural que conforma nossos corações e mentes. Parece que agora o Brasil reúne as condições materiais de desenvolvimento das forças produtivas capazes de fazer com que possamos explorar os imensos recursos naturais que essa mesma história nos legou ao garantir a soberania brasileira sobre esse imenso território. Enfim o futuro chegou. O ufanismo nacionalista que, inclusive, patrocinou a maior presença de capitais internacionais na região, serviu de móvel ao processo de ocupação recente da região. E, como analisamos, a problemática indígena sempre esteve imbricada à questão nacional. Não é diferente hoje.

No entanto, o contexto de crise da década de 1980 possibilitou uma reflexão crítica sobre o modelo de desenvolvimento que se vinha tentando implantar na região. Como parte dessa mesma crise existe a emergência de um novo padrão tecnológico que, por sua vez, estabelece uma outra relação com a natureza, pelo menos quanto aos seus meios, e não necessariamente quanto aos seus fins.

A valorização da vida, como atestam a Teoria de Gaia ou a biotecnologia, ou a descoberta de novos materiais e procedimentos tecnológicos, menos consumidores de energia e matéria-prima, a consciência ecológica, ensejam enfim novas e outras perspectivas para as populações, como as indígenas, que dependem fortemente de uma relação com (e não contra) a natureza.

Queremos ressaltar as implicações para essas populações tradicionais, aqui com destaque para as indígenas, particularmente da revolução informática. Em primeiro lugar, aquela que tem sido mais destacada, ou seja, a de que novos sujeitos sociais têm procurado expressar-se por meio de redes telemáticas e assim conseguido ultrapassar as barreiras nacionais na defesa de direitos humanos básicos, em particular denunciando massacres a que essas populações foram, e ainda são, submetidas e cuja divulgação anteriormente se fazia quando não se podia mais reverter o quadro. Um dos casos mais significativos a esse respeito foi o do *Jornal do Brasil* que dispunha de uma entrevista com Chico Mendes desde o dia 8 de dezembro de 1988, quando ele alertava, exatamente, para as ameaças de morte que estava sendo vítima, e que só foi publicada no dia 23 de dezembro, após a repercussão mundial de seu assassinato. A imprensa brasileira repercutiu a repercussão da morte de Chico Mendes e não o seu assassinato. Hoje é possível fazer a informação circular praticamente em tempo real, e pressionar as autoridades nacionais para que se tome providências. Em países economicamente dependentes de apoios financeiros internacionais essas pressões, articuladas com movimentos das sociedades civis dos países hegemônicos internacionalmente, têm uma forte eficácia política.

As elites tradicionais brasileiras têm sentido esse efeito, particularmente quando se trata de uma região tão significativa para o debate internacional como a Amazônia, e se veem constrangidas. Logo elas que até aqui conseguiram se integrar à divisão internacional do trabalho por meio da dilapidação dos recursos naturais e da superexploração do trabalho. Tudo indica que, tendencialmente, um novo quadro se estrutura, abrindo outras perspectivas para essas populações indígenas e outras populações regionais.

Sem dúvida, essa nova configuração no qual se realinham os diferentes grupos/classes sociais está presente na reversão, pela primeira vez em nossa história, na década de 1980, da tendência à diminuição da população indígena no Brasil. Este é um fato que devemos sublinhar, pois desde a chegada dos portugueses ao Brasil só registramos a extinção e diminuição de população indígena. Do limite de 180 mil indígenas registrado nos anos 70 chegamos a 350 mil nos anos 90. Sem dúvida uma reversão que bem merece o nome de histórica.

Continuam, no entanto, as interferências nas áreas indígenas do setor elétrico, com a construção de barragens, de estradas, a exploração de madeiras nobres, ou a invasão das terras indígenas para exploração dos recursos minerais, seja por garimpeiros, seja por empresas mineradoras. Todavia, em função da própria cumplicidade da Funai, em diferentes situações, com a exploração madeireira e mineral em terras indígenas, várias iniciativas estão sendo criadas para autodemarcação das suas terras, ou mesmo de criação de iniciativas próprias, com grupos de educadores e pesquisadores, na tentativa de reversão do quadro de devastação de seus recursos naturais e de resgate de suas tradições culturais ou ainda de parcerias para o aperfeiçoamento e melhoria de qualidade de seus produtos, integrando-se no mercado verde.

Nas palavras de Jorge Terena:

Sem dúvidas, somos muito privilegiados. Podemos dizer que estamos bem melhor que alguns membros da sociedade em geral. Temos terra para plantar e colher a comida para a nossa sobrevivência, temos floresta para caçar, e em alguns lugares rio para pescar. Mas não são todas as comunidades que têm esses privilégios. A riqueza que todos temos é de não necessitarmos de comodidades como creche para os nossos filhos, cadeia para marginais, asilo para velhos, porque pertencemos a uma sociedade onde todos os membros trabalham para melhorar a vida da comunidade. Mas por causa da exploração ilegal dos recursos naturais de nossas terras, sem ter nenhum retorno para a comunidade, estamos sendo afetados pela pobreza, pela destruição e pela negligência. As comunidades indígenas e suas Organizações, cansadas de esperar pelo Órgão Indigenista Oficial começam a buscar meios próprios de melhorar a vida seja por intermédio de autodemarcação dos seus territórios, seja por projetos de autossustentação com atividades produtivas.

Sabemos que é antigo o interesse pelas "drogas do sertão" que, por exemplo, levou para a Europa aquelas bolas "que contrariavam a lei da gravidade" (a borracha), como se expressou, com toda a ignorância, um europeu à época. Esse interesse está hoje revigorado pelas novas vertentes do desenvolvimento tecnológico, como é o caso da biodiversidade com a biotecnologia.

As populações indígenas são portadoras de um acervo cultural extremamente rico, assim como de um enorme conhecimento a respeito da biodiversidade das florestas e demais ecossistemas da Amazônia e, por isso, se constituem em importantes protagonistas para o desenvolvimento de tecnologias de ponta, como a biotecnologia, exatamente num momento em que o conhecimento se torna um dos principais trunfos para o futuro. E conhecimento acerca desse complexo ecossistema é o que não lhes falta.

O antropólogo William Balée afirma que: "os diferentes perfis dessas florestas podem ser vistos como artefatos arqueológicos, em nada distintos dos instrumentos e cacos de cerâmica, uma vez que elas nos abrem uma janela para o passado da Amazônia", num trabalho sugestivamente sob o título *Florestas Culturais da Amazônia* (Balée, 1987). Espécies como a castanheira, babaçu, cacau "selvagem" (*Theobroma sp.*) ou o ingá (*inga spp.*) são encontradas em biótopos dos mais variados e são pistas importantes para estudar a própria ocupação humana na Amazônia.

O antropólogo Darell Posey, em estudos realizados entre os Kayapó, admite a hipótese de uma categoria intermediária entre plantas domesticadas e plantas silvestres: a de plantas semidomesticadas. Fala dos períodos de longas caminhadas, com duração de até três meses, que as famílias Kayapó empreendem na estação seca, encontrando nas trilhas por eles abertas e em nichos por eles criados, ou por seus antepassados, o necessário à vida. É possível se afirmar, com as pesquisas já realizadas, que as populações indígenas contribuíram enormemente para a composição da floresta tropical e, nesse sentido, essa deveria estar sendo denominada de Floresta Cultural Tropical Úmida.

Talvez ainda fosse interessante lembrar que as principais plantas de que se alimenta a humanidade hoje foram domesticadas pelos ameríndios: a batata (*Solanum tuberosum*), originária do Peru, onde são conhecidos mais de 7 mil cultivares, e que é erroneamente chamada de batata-inglesa; a mandioca (*Manihot esculenta*) e a macaxeira (*Manihot dulcis*); o milho (*Zea mays*), base da alimentação humana e animal em todo o mundo; a batata-doce (*Ipomoea batatas*); o tomate (*Lycopersicum esculentum*); feijões e favas, como o amendoim (*Arachis hypogaea*); frutas como o cacau (*Theobroma cacao*), o abacaxi (*Ananas sativus*), o caju (*Anacardium occidentale*), o mamão (*Carica papaya*), o ingá (*inga spp.*), e muitas outras; amêndoas como a castanha-do-pará (*Bertholletia excelsa*); plantas estimulantes como o guaraná (*Paullinia cupana*), erva-mate (*Ilex paraguairensis*); o fumo (*Nicotina tabacum*); plantas medicinais como a ipecacuanha (*Cephalis ipecacuanha*) de que se extrai o cloridato de emetina; a copaíba (do gênero *Copaifera*) usada contra afecções das vias urinárias; a quinina (do gênero *Chinchona*), que até 1930 era o único antimalárico disponível; até plantas de largo emprego industrial como a borracha (*Hevea brasiliensis*), ainda não totalmente substituída pela sintética, sobretudo no uso de luvas cirúrgicas e de preservativos de melhor qualidade; a palmeira carnaúba (*Copernicia sp.*) de que se extrai cera e a palha; o timbó (*Theprosia sp.*) que contém ingrediente de DDT – a rotenona – usado como inseticida na medicina sanitária e na agricultura; além das plantas manufatureiras que os indígenas cultivavam ou utilizavam em estado silvestre como o algodão (*Gossipium spp.*); o caroá (*Neoglaziovia varietata*), espécie de bromélia que usavam para fazer fio e tecido e a piaçaba (*Leopoldinia piassaba*) de largo uso como vassouras, escovas, capachos.

Mais que os produtos de que hoje toda a humanidade pode usufruir, há todo um conhecimento da ecologia dessas espécies que envolve modos específicos de apropriação material/simbólica da natureza, matrizes de racionalidade, fundamentais nesse momento de busca de novos referenciais paradigmáticos para a relação homem-natureza. O que se coloca, portanto, é a necessidade de novas relações dos homens e das culturas entre si, a começar pelo reconhecimento de que se tratam de interlocutores qualificados, e não de indolentes e preguiçosos; de portadores de uma cultura, e não da selva, no sentido de que são natureza que sabemos na cultura ocidental deve ser dominada.

A Amazônia ainda guarda, com diferentes povos, essas matrizes de racionalidade, que mostram a riqueza, a diversidade da espécie humana sob os nomes de ianomami, magüta (tykuna), makuxi, tukano, kampa, kayapó, xavante, kaxinauá, wãiapi, waimiri-atroari etc.

Tudo indica que o medo da manipulação das populações indígenas, sobretudo por forças externas, só se coloca para aqueles que continuam ignorando sua capacidade de elaboração política. Deixemos que eles falem por si mesmos por meio da Carta dos Pajés, documento subscrito por vinte pajés de diferentes regiões do Brasil, em 17 de maio de 2000, em Brasília:

> O Encontro dos Pajés foi a maneira que encontramos para reunir a sabedoria dos nossos espíritos, pois é preciso que o homem branco saiba ouvir a nossa voz. Chama[mos] a atenção de todos que é preciso fazer leis para proteger nossa sabedoria e os conhecimentos tradicionais contra a biopirataria, o roubo das plantas, do nosso sangue, das madeiras e dos minerais. Tudo o que protegemos durante séculos pertence ao Brasil e aos povos do Brasil [...] Diante de tudo isso, os pajés assinam com suas mãos este documento afirmando seu compromisso com a vida, mas é preciso um compromisso do governo federal. O compromisso de nunca abandonar os povos indígenas em nome do desenvolvimento errado que tem causado mais pobreza do que riqueza aos brasileiros. O governo brasileiro deve fazer um grande esforço para terminar a demarcação das terras. O governo do Brasil deve fortalecer sua relação com os povos indígenas, criando uma Funai forte e capaz de proteger as questões indígenas. Nós, os pajés, estamos rezando todos os dias e o grande espírito quebrará a força do inimigo, fazendo com que tenhamos terras e vida para todos os brasileiros, preservando o meio ambiente e a força espiritual.

E aqui há uma outra dimensão a que revolução telemática está ligada e que enseja e abre novas e outras perspectivas para essas populações originárias. Ela diz respeito àquilo que Pierre Lèvy chamou de tecnologias da inteligência. É sabido que a informática, pelo computador, torna possível que estabeleçamos uma lógica não linear com o conhecimento. Ao contrário da escrita, por exemplo, que exige que obedeçamos à sequência justaposta, linear, de cada letra, de cada palavra, de cada frase, da sequência das frases, dos parágrafos, das páginas de um texto, por meio de um simples clique de um *mouse* podemos navegar de um assunto para outro, fazendo interconexões em rede tal e qual fazemos numa conversa de bar, quase sempre não linear.

O mesmo pode-se dizer dos saberes tradicionais, mais holísticos e não lineares. Como as próprias teorias da comunicação nos esclarecem, a informação é diferente do dado. A informação pressupõe que o dado foi apropriado, seja por uma teoria, seja por uma matriz cultural que lhe dê sentido, que lhe dê significação. Sendo assim, por exemplo, não basta que exista uma espécie botânica. É necessário que ela tenha ganhado a dimensão de informação que, por sua vez, pressupõe uma teoria, assim como cada dado, cada fato, só adquire sentido numa cultura. Assim, junto com a biodiversidade que, muitos vêm destacando, necessariamente também ganha dimensão política a diversidade cultural. A tradição ganha a dimensão de suporte de modernidade.

E, exatamente como parte dessas novas percepções de espaço e tempo, que as transformações histórico-culturais ora em curso ensejam, cabe colocar para reflexão novas ideias que têm surgido entre os que se mobilizam na luta pelos direitos dessas populações.

Tem sido comum falar-se nos últimos anos da crise do Estado Nacional. Nesse contexto, as lutas dos povos indígenas têm sido capturadas na velha armadilha ideológica que já desvendamos anteriormente, e que as compreende como parte de interesses internacionais de expropriação. Nesse caso, continuamos pensando ainda como prisioneiros dos paradigmas tradicionais, que veem o espaço como absoluto e, consequentemente, o território como expressão de uma soberania absoluta. É possível imaginarmos, no entanto, formas mais complexas de pensarmos o espaço e novas territorialidades não necessariamente incompatíveis com o Estado Nacional.

Se observarmos a constituição dos Estados Nacionais, em todo o mundo, veremos que eles foram se desenhando aplacando as diferenças, homogeneizando a língua e os costumes. Assim, em diferentes países do mundo, populações tradicionais têm se defrontado com o perigo da extinção, da violação das suas tradições culturais, seja no Brasil, no Canadá, nos países nórdicos. Talvez o que caracterize exatamente essas populações tradicionais, como já nos havia ensinado Pierre Clastres, seja elas se constituírem em sociedades sem Estado. Elas não teriam essa pretensão de formação estatal inscrita no seu universo cultural. Assim, um Comissariado da ONU, por exemplo, composto por membros das diferentes populações indígenas dos diferentes Estados Nacionais, seria criado para cuidar dos direitos culturais dessas populações como parte integrante desses mesmos diferentes Estados Nacionais.

Numa época em que diferentes Estados Nacionais se reúnem para abrir mão de parte de sua soberania e constituírem blocos de interesses econômicos, como o Mercosul, por exemplo, não nos parece de todo destituído de sentido essa nova configuração que emerge de setores do movimento indígena e indigenista, por todo o significado que essas diferentes matrizes culturais, a própria diversidade cultural, adquire para o devir da humanidade.

No entanto, é preciso não esquecermos que, assim como no caso dos seringueiros, a problemática indígena envolve uma dimensão territorial que, embora não se esgote na problemática da terra, necessariamente a comporta, colocando-se, portanto, como uma das dimensões a serem contempladas na complexa questão da Reforma Agrária. A problemática indígena está indissoluvelmente ligada à questão agrária brasileira de um lado e, de outro, à nossa tradição de vermos os índios como seres inferiores.

A R-EXISTÊNCIA DOS TRABALHADORES RURAIS: A CULTURA QUE A VIOLÊNCIA ESCONDE

A extrema violência que tem caracterizado a luta por direitos na Amazônia sobretudo na área rural se, de um lado, tem chamado a atenção para a necessidade de direitos humanos básicos como o direito à vida, com o fim da impunidade que acoberta os mandantes de assassinatos de trabalhadores rurais, tem por outro lado contribuído para ocultar múltiplas e riquíssimas experiências que esse segmento social, em si mesmo extremamente diversificado, tem aportado para um outro modelo de desenvolvimento para a Amazônia.

Não só há uma tradição agrícola dos caboclos ribeirinhos, das diferentes comunidades indígenas e remanescentes de quilombos, dos extrativistas com seus roçados de subsistência ao que vieram se juntar, sobretudo nos últimos 20/30 anos, os migrantes descendentes de alemães e italianos ou poloneses e ucranianos que vieram dos estados do Sul do país. Ao longo da Transamazônica, por exemplo, é possível vermos as mais diferentes manifestações culturais de origem europeia, danças e músicas, convivendo com o forró nordestino.

As populações tradicionais foram desconsideradas no modelo de desenvolvimento que se tentou implantar recentemente. As famílias de trabalhadores rurais migrantes, sejam elas do Nordeste, sejam do Sul do país, se viram completamente abandonadas à sua própria sorte, com o abandono dos projetos de colonização, ou mesmo da construção de estradas e ramais.

Dizer, no entanto, que as populações tradicionais foram desconsideradas ou que os migrantes foram abandonados, é continuar vendo-os passivamente como se eles não tivessem tecendo suas próprias alternativas. Quando se olha de mais perto esses grupos de trabalhadores rurais vemos emergir, mesmo na adversidade, uma riquíssima experiência que começa a desenhar um outro modelo de desenvolvimento regional.

Algumas considerações preliminares de contextualização do setor rural na Amazônia se fazem necessárias para que melhor compreendamos essas experiências. Em primeiro lugar, salientemos que mais da metade da população da Amazônia é urbana (70% da população da região Norte, segundo o IBGE-2000). Esse dado por si só indica a importância do abastecimento dessa população.

Considere-se ainda que a Amazônia comporta um perfil de distribuição de renda ainda mais concentrado que o Brasil, que sabemos, apresenta um dos perfis de distribuição social de renda dos mais concentrados do mundo. Sendo assim, a geografia rural amazônica, em uma sociedade que se quer oficialmente de mercado, não vê perspectivas de se voltar para o abastecimento urbano regional, voltando-se basicamente para a atividade pecuária que se mostra competitiva nos mercados nacionais, sobretudo porque entra com terras baratas que permitem atividades extensivas.

Ao mesmo tempo, esses mesmos agentes que se integram aos mercados nacionais via pecuária são os que se apropriam de grandes extensões das terras, sobretudo ao longo das estradas e, por isso, tornam mais difíceis as condições para aqueles que porventura queiram produzir para os mercados regionais. Assim, a Amazônia tem assistido ao triste espetáculo de ver suas cidades, sobretudo Manaus e Belém, sendo abastecidas de hortifrutigranjeiros oriundos basicamente de São Paulo. Até mesmo o frango é transportado de Chapecó, em Santa Catarina, como se o caboclo amazônico não soubesse sequer criar galinhas. Em face das condições de mercado antes salientada, é preciso imaginar o custo desses produtos e a que setores da sociedade eles acabam se destinando e, consequentemente, as sequelas expressas nas condições de vida, particularmente nas condições de saúde da população de baixa renda, a grande maioria no contexto urbano.

Há, no entanto, diferentes experiências de colonização na região, algumas com cerca de um século que, apesar do abandono do poder público, contém uma rica história, como é o caso da Zona Bragantina, no Pará. Essa experiência foi extremamente importante durante o ciclo da borracha, tendo permitido que Belém fosse abastecida com gêneros de primeira necessidade em um momento que as populações demandavam os seringais, abandonando a agricultura.

Em Monte Alegre, no Pará, temos outra experiência de colonização antiga. As famílias têm se mantido ligadas à agricultura, ao contrário de outras áreas nas quais o não acesso à terra e a um mínimo de infraestrutura levou à migração para os garimpos.

Essas experiências de colonização anteriores são diferentes das que se fizeram a partir da década de 1970, pois tinham uma preocupação com o abastecimento dos mercados regionais e de fixação de produtores familiares. As experiências oficiais de colonização recentes, ao contrário, se fizeram sob o signo da agricultura comercial, ou para atrair mão de obra para os projetos empresariais.

EMERGE UMA IDENTIDADE AGROFLORESTAL

A geografia amazônica traz as marcas de experiências que se forjaram nos interstícios do modelo oficial a partir de iniciativas dos próprios trabalhadores. Vejamos como eles mesmos se manifestam:

> Nossos agricultores, migrantes oriundos de todas as partes do país e que haviam feito, na sua maioria, uma estação de sua "via crucis" em Rondônia, relegados à sua própria sorte, mas com a força de terem conseguido o sonhado lote, o seu pedaço de terra, embrenharam-se na mata amazônica, não pelas picadas do Incra, mas sim pelas picadas de seringa, tendo como companheiros apenas a fé e a solidariedade dos iguais, começaram a construir uma história de luta, garra e esperança num futuro melhor, num mundo mais justo e fraterno [...] os travessões e picadas abertos pelo serviço topográfico para demarcação da área já haviam se fechado quando agricultores vieram de todas as partes, especialmente das cidades do interior de Rondônia, onde não tinham conseguido uma área de terra. Para chegarem aos lotes foi necessária a foice; ir na frente e sob orientação de antigos moradores da região, localizar os lotes, já que as picadas não mais existiam e os técnicos do Incra não conseguiam se localizar na mata.
> [...] O agricultor é um pensador e estudioso por natureza. Qualquer agricultor de Nova Califórnia sabe e fala nas reuniões e nos encontros informais se comenta: esta região não é o Paraná e o Mato Grosso [...] A lavoura branca aqui não tem futuro [...] esta terra não aguenta a mecanização

> [...] Tem que parar o desmatamento e as queimadas [...] Esta terra fica tão dura que nem com picareta se abre cova. Aqui tem se trabalhar na sombra [...] Tem que mexer com outra coisa.
> (João Pereira dos Santos, morador em Nova Califórnia, fronteira de Rondônia com o Acre).

É evidente aqui a sabedoria do agricultor lançado na Amazônia sem nenhum conhecimento prévio das condições ambientais. Mais claramente, ainda, se expressa quando diz que:

> os agricultores empobrecidos de nossa localidade começaram a aprender a falar outras línguas, além da tradicional: desmatar e queimar, plantar arroz, feijão, mandioca, café e cacau; e começaram a discutir, refletir e trabalhar com plantas amazônicas, de forma consorciada e adensada, adaptadas às características da região e dentro de critérios *conservacionais* e ecológicos.

Em outro depoimento que pudemos tornar, bem longe dali, em Altamira, no Pará, vimos dois outros agricultores, Ailton Faleiro e José Geraldo Torres, comandarem, em 1991, nada mais, nada menos que um Movimento Pela Sobrevivência na Transamazônica, eles mesmos migrantes do Sul do país atraídos para a região nos anos 70. Aqui vimos a ironia de uma das obras emblemáticas do governo ditatorial sendo resgatada por aqueles que foram abandonados pelas políticas oficiais. Diz Faleiro:

> No início tivemos algum apoio para plantar cacau, pimenta-do-reino e café. Depois vivemos o mais completo abandono. Numa região com mais de mil quilômetros, entre Tucuruí e Itaituba, com mais de 420 mil habitantes, temos 8 médicos e um dentista. As pontes estão caídas. Não temos como escoar a produção. Na nossa região não há energia, no máximo óleo *diesel*. Não dá para voltar atrás, para o Paraná, Santa Catarina ou Rio Grande do Sul.

O quadro é muito parecido com o que foi descrito por João Pereira dos Santos, tanto no diagnóstico, como nas alternativas encontradas. José Geraldo salienta que "podemos produzir sem derrubar a floresta. Podemos trabalhar só nas áreas que já foram desmatadas e que não deram certo".

Em Sena Madureira, Acre, no Projeto Padre Boa Esperança o seringueiro Dico, nos deu um depoimento a respeito de sua experiência neste projeto de colonização.

> Viemos para cá achando que ia melhorar tendo uma terrinha. Plantamos, mas a estrada ruim não deixa a gente levar até a cidade. Com o tempo começamos a plantar a seringa no meio da capoeira. Alguns aqui colhem a seringa na mata mesmo, outros plantam no meio do roçado. Na capoeira planto também o cupuaçu, a laranja, limão, lima, bananeira, abacate.
> De janeiro a março junto e quebro os ouriços de castanha para vender. No meu roçado planto o arroz, o milho, o feijão, macaxeira e o fumo.

É interessante observar que, a partir de origens extremamente diferentes, tanto sociais como culturais, se desenham práticas extremamente convergentes de agroflorestamento, de convivência da agricultura com a floresta, ou de práticas agrícolas assimilando os processos de reprodução típicos das florestas tropicais, mantendo a diversidade.

A julgar pelos trabalhos dos antropólogos William Balée e Darell Posey, essas práticas remontam às populações indígenas que povoaram a floresta com espécies que não lhes eram típicas, como é o caso do cacau, nativo da América Central, ou mesmo da domesticação da pupunha.

O caso dos seringueiros aponta na mesma direção. De início estavam proibidos terminantemente pelos *patrões* de praticarem a agricultura, para que dedicassem todo o seu tempo de trabalho à extração do látex. Dessa forma ficavam na dependência do "barracão" dos seringalistas, onde se abasteciam com o necessário a sua sobrevivência, com preços extorsivos, e que só aumentava a necessidade de produzir mais para tentar ter saldo nas suas contas. Acrescente-se que o ciclo da borracha dependia desse fluxo de mão dupla que levava víveres para os seringais e trazia a borracha que tornava viável a atividade dos intermediários aviadores. Seria extremamente oneroso para eles subir com seus barcos vazios para só trazer borracha. Assim, todo o sistema de extração do látex tinha a sua chave na proibição do seringueiro plantar e na enorme exploração daí decorrente. Somente com a crise da borracha é que os patrões se viram obrigados a permitir a agricultura como forma de manter o seringueiro na floresta.

Há uma rica experiência acumulada por essas populações combinando agricultura e extrativismo, o que pode ser atestado nas próprias estatísticas oficiais, em que as taxas de mortalidade diminuíram com a crise do ciclo da borracha. Os seringueiros são, assim, extrativistas agricultores e não simplesmente extrativistas.

Os que migraram recentemente acabaram por se converter à agrossilvicultura, como atestam os depoimentos acima. E mesmo os ex-seringueiros que foram viver em projetos de colonização também acabaram combinando agricultura com extrativismo. Talvez o depoimento de João Pereira dos Santos, de Nova Califórnia, em Rondônia, seja uma boa síntese dessa proposta:

> A grande singularidade do nosso Reca (Reflorestamento Econômico Consorciado e Adensado) foi ter sido um projeto concebido e gerido exclusivamente por homens da terra, verdadeiros agricultores, e com uma nova proposta organizacional e social ecologicamente adaptadas às peculiaridades regionais.
> [...] Conseguimos ao longo dos anos envolver 274 famílias que assumiram uma nova postura no falar, no agir e na forma de trabalhar. Chegando hoje a nos autodenominar agrossilvicultores e não apenas agricultores. Desenvolvemos uma sensibilidade e maior respeito para com a Amazônia e suas peculiaridades. Hoje nossos companheiros conhecem as plantas desde pequenas (castanheira, seringueira, freijó, mogno, ipê, mamui, piqui) e não mais as cortam, mas deixa que cresçam em meio a lavoura branca enriquecendo o terreno. Valorizam nossa floresta e ajudam a preservá-la evitando as queimadas e fazendo uso sustentável da área que estão cultivando.

Essas experiências que nasceram de iniciativas não oficiais, sobretudo nos últimos anos com a emergência à cena política desses setores em busca de direitos por meio de sindicatos ou de Associações de Produtores Rurais, vêm ensejando articulações com técnicos e pesquisadores. Estes, procurando suprir a ausência de políticas específicas voltadas para esses segmentos sociais por parte do Estado, vêm estabelecendo formas institucionais originais, entre as quais destacamos, o Pesacre (Programa de Desenvolvimento Agroflorestal para Pequenos Produtores do Estado do Acre); o CAT (Centro Agroambiental do Tocantins); o Poema (Programa Pobreza e Meio Ambiente na Amazônia); o Centro de Pesquisa Indígena, na Reserva dos Xavantes de Pimentel Barbosa, todos envolvendo técnicos e pesquisadores de várias instituições e que procuram se associar àquelas experiências que vêm emergindo do fundo dos *travessões*, das picadas, dos ramais e da floresta.

Várias organizações não governamentais também vêm se associando a esse processo, além de técnicos e pesquisadores do Inpa, do Museu Goeldi, do Cepatu/Embrapa, da UFPA, da Ufam, da Ufac, da Unir, e mesmo de fora da Amazônia, como da Unicamp, da USP e da UFF, entre outras. Conforme nos informa a professora Manuela Carneiro da Cunha citando pesquisas de Susana Hecht e Steve Schwartzmann (1988):

> Estudos recentes quantificaram, no Acre, os custos e benefícios da criação de gado, da agricultura e do extrativismo, levando em conta, pela primeira vez, o custo de recuperação do solo, excluindo efeitos globais de queimadas ou perda de germoplasma, por exemplo. Mas, sem sequer descontar o preço de recuperação do solo, para um projeto de 15 anos, o extrativismo dá lucros médios anuais 5 vezes maiores do que os da agricultura e quinze vezes maiores do que os da pecuária. Se agora se introduzir o custo da recuperação do solo para que a terra possa novamente servir à produção, dados os custos altos de recuperação de pastagens, temos, em 20 anos, resultados negativos (de US$ 28.000 a US$ 55.000 para a agricultura e de US$ 60.000 a US$ 100.000 para a pecuária). Os únicos resultados positivos (entre US$ 30.460 e US$ 50.000) são os do extrativismo, dada a ausência de custos de recuperação e a permanência em um mesmo nível dos recursos extraídos.

Desse modo, o agroextrativismo se apresenta como uma alternativa possível para a Amazônia, não só porque já está inserido nas práticas culturais de suas populações como, também, se mostra mais eficiente quando os parâmetros são os interesses maiores da sociedade e não os interesses imediatistas, resumidos numa racionalidade econômica estreita, cujos parâmetros são individualizados.

A R-EXISTÊNCIA DAS POPULAÇÕES NEGRAS

Entre as múltiplas identidades político-culturais que vêm emergindo nas lutas sociais que se travam na Amazônia está a das populações negras. Só no

Maranhão foram identificados mais de um milhão de hectares de terras cujos próprios habitantes usam a caracterização "de pretos" para indicar sua identidade. No Amapá existem comunidades negras em vários municípios.

A origem destas terras são as mais variadas, indo desde antigas *plantations* comerciais decadentes, em que permaneceram descendentes de escravos mediante pagamento de foros; terras doadas a antigos escravos pelo Estado por serviços prestados na Guerra do Paraguai, por exemplo, até as terras onde se estabeleceram os quilombos ou mocambos, nestes casos, os territórios de liberdade dos negros.

É sabido que nas regiões Nordeste e Sudeste os quilombos se estabeleceram em lugares serranos que serviram como esconderijos para os negros viverem em liberdade. Assim, além de toda uma tradição cultural e religiosa vinda da África, que mantém vínculos estreitos com a natureza, os negros no Brasil se viram na contingência de apropriarem-se de terras com determinadas características naturais para fazerem delas a afirmação de seus valores de liberdade. Na Amazônia, por exemplo, onde a escravidão embora presente não teve a mesma expressão que nas regiões citadas, os negros procuraram se refugiar nas matas ou nas áreas a montante das cachoeiras, como na região do rio Trombetas e seus afluentes. Na fala de um negro dessa região: "A cachoeira que foi a mãe dos negros. Nessas alturas se não fosse a cachoeira eu não estaria feliz. Ninguém estaria junto porque nós teríamos sido pego de volta, teria se acabado este povo".

Estas comunidades permaneceram em liberdade praticando uma agricultura de subsistência e vendendo pequenos excedentes comercializáveis tanto de produtos agrícolas, como daqueles derivados do extrativismo, como a seringa, a castanha e o cacau.

Os regatões mantinham com essas populações uma relação de cumplicidade, informando-lhes da existência de expedições que procuravam resgatá-los para os antigos latifundiários. Ao mesmo tempo procuravam estabelecer o monopólio de comercialização com essas populações vindo a se constituir em seus *patrões*, como são chamados na região do Trombetas.

A partir dos anos 70 também essas comunidades negras remanescentes de quilombos passaram a se defrontar com os diferentes grandes projetos que se implantavam na região. A Mineração Rio do Norte, que explora a extração da bauxita na região do Trombetas, é um exemplo. Até mesmo a ação de órgãos ambientais, como o Ibama, colocou frente a frente diferentes concepções da questão ambiental, conforme veremos. As matas e as cachoeiras, que até então apareciam no imaginário dessas populações como símbolos de liberdade, começam a ser apropriadas, ou de modo privado ou como natureza pela metade, que exclui a sua dimensão humana, contra o uso comunitário e de convivência com e não contra a natureza que essas populações fazem.

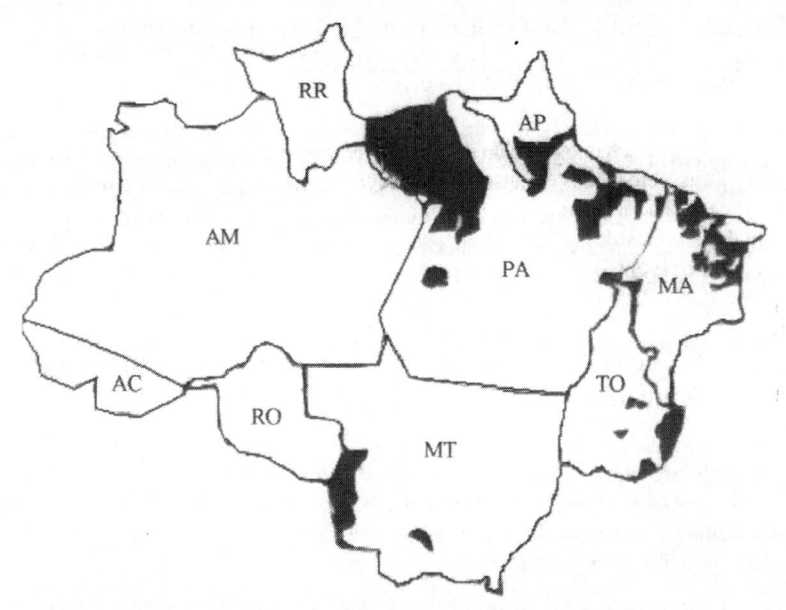

O mapa indica as concentrações de população negra na Amazônia. Fonte: Rafael Sanzio Araújo dos Anjos. *Territórios das comunidades remanescentes de antigos quilombos no Brasil*, 2000.

Maria Francisca dos Santos, negra da região do Trombetas, é quem declara:

Tudo para nós era com facilidade, se pegava um pirarucu, tinha almoço; saía prá mata, matava uma caça, tinha almoço [...] Chegava o tempo de uma festa, eu não tinha vestido novo, botava o paneiro nas costas, vou já prá mata, vou tirar uma caixa de castanha, vou comprar o meu pano e o meu perfume e vou me divertir (Depoimento ao antropólogo Eurípedes Funes, em 1991).

E mais adiante arremata:

O que eu lamento e fico sentida é de ver a nossa mesa tomada pelos outros e nós ficamos olhando com fome sem poder comer. Isso eu lamento muito. Que no tempo dos meus avós, que eu me criei, isto aqui tudo era liberto, nós não tinha preocupação; ah! Não tem comida, pega um peixe, pega uma tartaruga e nós vamos comer [...] hoje em dia nós tem que comer escondido, senão nós vamos preso, vamo amarrado, vamo surrado, aqui dentro de nossa terra. Tenho bastante saudade do tempo da liberdade, tempo que passou. [...] Hoje em dia para mim comer uma boia na castanha carece eu mandar meus filhos roubar, e vão com cuidado pra esses indivíduos não pegar [...] Nós vivia na fartura, hoje em dia pra nós comer precisa nós roubar, pegar, comer escondido. Uma tartaruga não pode comer. Se a gente come joga a casca na água, queima, para o Ibama não vê, se não, ele prende.

Ou como disse Flora Francisca das Neves, outra participante do IV Encontro de Raízes Negras realizado em julho de 1991:

> Porquanto nós se achamos abatido de nós não ter liberdade de tirar o nosso produto que existe no nosso país, pelo menos é a nossa castanha. Que quando me entendi a gente tinha a liberdade de tirar castanha, arranjar o nosso produto pra manter a necessidade. Então hoje só entra os escolhidos. É só esses que tem direitos. Os que são os filhos natural, não tem a liberdade, não tem o direito de entrar para colher esse produto ... Hoje a gente não pode tirar uma castanha porque tem aquela proibição que a gente não pode entrar lá.

O antropólogo cearense Eurípedes Funes que estudou com detalhes essas populações afirma que:

> O rio Trombetas, que no passado serviu de caminho para a fuga de escravos, protegidos pelo "véu da noite", hoje, o trecho entre Oriximiná e Porto Trombetas onde se localiza a Mineração Rio de Norte – MRN, está todo demarcado, inclusive à noite, por balizas sinalizadoras para facilitar a navegação de grandes navios cargueiros, em sua maioria de bandeiras estrangeiras, deixando no rio grandes manchas de óleo [...].

A Reserva Biológica do Rio Trombetas, criada em 1979 e administrada pelo Ibama, contribuiu, por contraste, para afirmar a identidade dessas populações negras remanescentes de quilombos por sua visão estreita da problemática ecológica. O Ibama criara o Centro Nacional do Quelônio da Amazônia e, para preservar os quelônios, proibiu que essas comunidades comessem os tracajás e as tartarugas, nomes populares dos quelônios. O estranho é que essas populações negras habitam a região pelo menos desde o início do século XIX e, em suas práticas culturais, sempre se inscreveu o alimentar-se de tartarugas e tracajás. Os técnicos do Ibama de então não consideraram essas populações como parte do processo de reprodução daqueles ecossistemas que, como vimos, as próprias populações indígenas também contribuem para a produção/reprodução. Ao contrário, viram a natureza numa perspectiva excludente que, longe de ser a solução, é parte do problema ambiental a ser superado. O contraste entre essa visão estreita de meio ambiente e a presença da Mineração Rio do Norte contribuiu para afirmar a identidade dessas comunidades. Como afirma um dos membros dessas comunidades negras, Rafael Vianna:

> Eu digo que nós ainda não matamos um lago, ainda não matamos uma floresta, hectares e hectares de floresta e ainda não matamos, então o que nós estamos fazendo, estamos conservando a floresta, só tira aquele pedaçozinho para nós comer e no mais taí a floresta completa para nós. Então, quer dizer, nossa mãe floresta é vida.

Ou ainda como declara José Santa Rita dos Santos, se referindo às imposições a que têm ficado submetidos com a presença da empresa mineradora

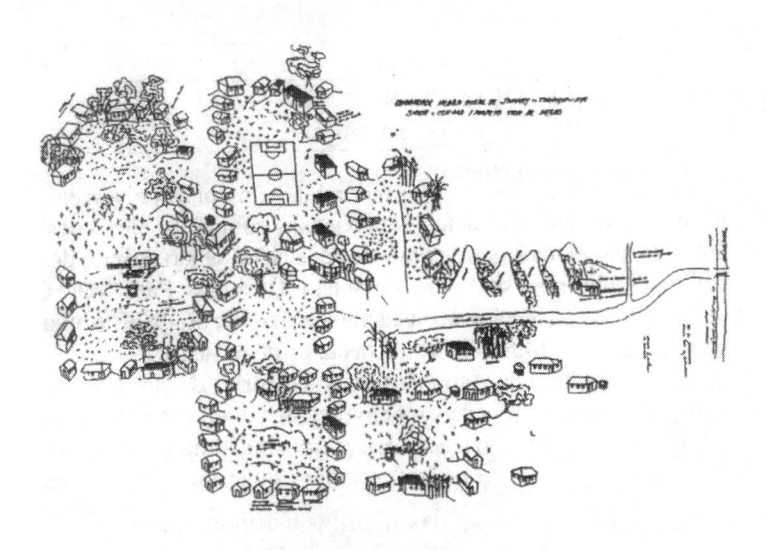

Ilustração representativa de uma comunidade remanescente de quilombo. Comunidade negra rural de Jamary – Turiaçu (MA) (Ivan R. Costa, Maranhão, 1994).

MRN: "Depois de estar uma pessoa livre, desimpedida, trabalhando com o que é seu, para se empregar com fulano, então ele mesmo está cavando a escravidão dele [...] porque empregado é cativo, não tem voz ativa".

Numa época como a nossa, na qual a dimensão ambiental adquire cada vez maior significação, não há como deixar de reconhecer a contribuição que esses povos e suas culturas têm para que se possa admitir outras possibilidades para a humanidade na sua relação com a natureza.

E não resta dúvida de que também superaremos preconceitos e admitiremos que, embora muitos membros dessas populações falem "nós vai", sabem para onde vão. O fato de elas terem ficado excluídas do processo de alfabetização formal não as impediu de elaborarem um conhecimento complexo da realidade em que vivem. Sua história de luta pela liberdade e de resistência se apresenta hoje com a perspectiva de existir positivamente pelos conhecimentos que elaboraram com relação aos ecossistemas. Afinal, a cachoeira pode ser mais que um potencial de megawatts de energia. Pode ser também expressão de liberdade e de outros caminhos para a humanidade.

Diante dos conflitos que se tornaram frequentes, essas comunidades constituíram a Associação de Comunidades Remanescentes de Quilombos do Município de Oriximiná, PA (Aromo), por meio da qual tentam afirmar seus direitos, entre eles o da demarcação das suas terras conforme reza o art. 68 das Disposições Transitórias da Constituição Federal, que reconhece os territórios negros.

A R-EXISTÊNCIA DAS MULHERES QUEBRADEIRAS DE COCO DE BABAÇU

O babaçu é uma palmácea que predomina "em zonas de várzeas, junto aos vales dos rios e eventualmente em pequenas colinas ou elevações" (MIC, 1982), estando associada a outros tipos de vegetação, sendo próprio de baixadas quentes e úmidas nos estados do Maranhão, Tocantins, Pará, Mato Grosso e, já fora do que se convenciona considerar Amazônia, no Piauí. Abrange, no conjunto, uma área de 14,5 milhões de hectares de terras.

Segundo documento da Associação das Indústrias de Babaçu, em 1991, mais de 300 mil pessoas se achavam envolvidas com a extração do coco de babaçu. Tradicionalmente o babaçu não se constituía em um recurso natural de interesse comercial. Ao contrário, sempre esteve intimamente ligado às práticas culturais de reprodução das famílias camponesas, sobretudo no vale do Mearim, no Maranhão. Sua utilização, inclusive, se inscreve como uma forma que os grandes proprietários de terras encontraram para manter essa mão de obra camponesa: o babaçu era livre para exploração.

No entanto, nos últimos anos, com a expansão capitalista e a maior acessibilidade a essas terras, muitos fazendeiros recém-chegados à região começaram a proibir a extração do babaçu alegando invasão e contrariando assim práticas culturais consagradas pelo costume. Os conflitos têm se mostrado cada vez mais intensos em torno de diferentes valores e práticas em relação a essa palmácea. Como costuma acontecer nesses casos, o próprio conflito acaba por alinhar em lados diferentes os grupos sociais, ensejando afirmação de identidades coletivas que, no caso do babaçu, pela importância que tem o trabalho feminino e infantil, tem proporcionado a emergência à cena político-cultural das mulheres quebradeiras de coco de babaçu.

Segundo o antropólogo Alfredo Wagner B. de Almeida:

> nas áreas desapropriadas a partir do Plano Nacional de Reforma Agrária (1985-89) foi retomada a extração do babaçu consoante a modalidade de coleta livre, de acordo com o sistema de apossamento preexistente. Nelas, como naquelas de tensão social adquiridas pelo governo estadual em 1989 no Vale do Mearim, presencia-se hoje a formação de inúmeras cooperativas de trabalhadores (Lago do Junco, Lima Campos, São Luiz Gonzaga, Esperantinópolis) assessoradas pela Assema – Associação em Áreas de Assentamento do Maranhão) e articuladas com os Sindicatos de Trabalhadores Rurais dos respectivos municípios. Os assentados organizam a comercialização do babaçu, competindo com atravessadores, usineiros e latifundiários e já possuem unidades próprias de beneficiamento, obtendo óleo vegetal. A produção de amêndoa do coco de babaçu tem, portanto, crescido nestas referidas áreas [...]

Os trabalhadores rurais, particularmente as mulheres quebradeiras de coco de babaçu, estão empenhados numa luta contra a devastação dos babaçuais e pelo fim das interdições à coleta, ou seja, pelo "babaçu livre". No II Encontro Interestadual de Quebradeiras de Coco de Babaçu, realizado em 1993, em Teresina, PI, exigiam:

> 1- Desapropriação de todas as áreas de conflito na região dos babaçuais.
> 2- O coco liberto: acesso às palmeiras de babaçu para as mulheres e crianças extrativistas, mesmo nas propriedades privadas que não cumpram sua função social.
> 3- Fim da derrubada das palmeiras de babaçu.
> 4- Fim da violência contra trabalhadores rurais nas áreas dos babaçuais.
> 5- Recursos para o desenvolvimento de cooperativas [...].
> 6- Imediata implementação das ações de assentamento nas áreas já desapropriadas e das Reservas Extrativistas.
> 7- Cumprimento do Estatuto da Criança e do Adolescente na Zona Rural.
> 8- Medidas que assegurem o cumprimento do Decreto das Reservas Extrativistas.

Sublinhemos também neste caso a combinação da luta pela terra com a luta por um determinado modo de vida, que implica a defesa dos babaçuais. A dimensão ambiental emerge profundamente ligada às questões social e cultural, sem admitir separações abstratas entre o natural e o cultural. Perceberam essas populações que a defesa de seus modos de vida implicava a superação dos níveis de miséria a que estavam submetidas.

> Para tanto os trabalhadores rurais objetivaram. organizar o processo de comercialização e processamento do óleo de babaçu, rivalizando com os circuitos de compra montados pelos denominados "usineiros" e "patrões". Este esforço resultou na formação de cooperativas de trabalhadores agroextrativistas, a partir de 1990, que conjugam as atividades de plantio com a coleta. Concomitante com o avanço técnico, mediante a montagem de prensas e a adoção de técnicas mais aprimoradas de processamento, produz-se uma ampliação da capacidade política, observando-se a formação de núcleos de trabalhadoras cognominadas "quebradeiras de coco" em inúmeros povoados da região do Mearim. Do mesmo modo intensificam-se os laços solidários e as articulações com movimentos emergentes em áreas de babaçuais do próprio Maranhão (caso da Baixada Ocidental) e de outras unidades da federação: Pará, Tocantins e Piauí. Tem-se em decorrência uma multiplicidade de cooperativas e associações envolvendo diferentes projetos, tais como: confecção de sabonetes artesanais com óleo prensado e comercialização autônoma da amêndoa do babaçu em cantinas instaladas nos próprios povoados com finalidade de também assegurar o abastecimento de gêneros básicos. Dentre essas iniciativas cabe mencionar o Grupo de Quebradeiras de Palestina – PA; a Associação das Mulheres Trabalhadoras do Bico do Papagaio – TO e a Cooperativa Agroextrativista de Viana – MA (Alfredo Wagner B. de Almeida).

Essas populações ao virem a público colocar suas demandas têm posto em xeque práticas tradicionais inscritas na cultura política *clientelística* dominante no país. Isso, por exemplo, tem levado a se verem preteridas em linhas de crédito que possam viabilizar o modelo aqui apenas esboçado. A Sanbra (Sociedade Algodoeira do Nordeste Brasileiro), empresa ligada à multinacional Bunge e Born e que praticamente monopoliza o mercado de compra (oligopsônio) de óleo vegetal, possui dezenas de milhares de hectares de terras no Maranhão. Por essa condição de proprietária de terras e de estabelecimentos de beneficiamento de óleo, obtém incentivos fiscais favorecendo a comercialização com o óleo de babaçu. No entanto, em 1991 a Sanbra importou da Malásia nada menos que 26 mil toneladas de estearina (subproduto do óleo utilizado para a fabricação de margarinas e sabões) e oleína de palma. Em 1992 a mesma Sanbra teria importado entre 8 mil e 10 mil toneladas do mesmo produto. E, mais ainda, em agosto de 1992, foi anunciada a formação de uma *joint venture* da empresa estatal malaia Felda Marketing e a *trading* brasileira Welkin Comercial Ltda. para importar para o Brasil e outros países latino-americanos óleo de palma e borracha.

Deste modo, todo o esforço que essas populações vêm travando para melhorar as suas condições de vida e, ao mesmo tempo, garantirem a convivência com a floresta e todo o benefício que traz não só para elas próprias, como também para toda a humanidade, se vê ameaçado por uma visão que privilegia os interesses estritamente econômicos sem levar em consideração os custos para a sociedade dos que migram para as áreas urbanas, onde cada vez são menores as perspectivas de conseguirem um emprego digno.

Assim, as mulheres quebradeiras de coco de babaçu se veem diante dos mesmos problemas com que se defrontam os seringueiros e castanheiros, ao não verem políticas públicas que as levem em consideração serem implementadas e cujas metas, ao facilitarem a importação, seja de óleo, seja de borracha, estão inviabilizando a possibilidade de populações que vivem no interior da floresta se integrarem à sociedade a partir das suas próprias condições culturais e, com todo o acervo de conhecimentos que têm para trocar. Além de toda a riqueza em biodiversidade e da contribuição desses ecossistemas para o equilíbrio ecológico cujo valor, sem dúvida, vai muito além do cálculo econômico.

A R-EXISTÊNCIA DOS RIBEIRINHOS

O caboclo ribeirinho é, sem dúvida, o mais característico personagem amazônico. Em suas práticas estão presentes as culturas mais diversas que vêm dos mais diferentes povos indígenas, do imigrante português, de migrantes nordestinos e de populações negras. Habitando as várzeas desenvolveu todo um saber na convivência com os rios e com a floresta. A pesca é uma das atividades de seu complexo cultural, o que valeu de uma pesquisadora da região a caracterização de *pescadores polivalentes*, para diferenciá-los de um outro personagem que é o *pescador monovalente*, ou seja, que vive exclusivamente da pesca.

A Amazônia registrava em suas colônias de pesca, em 1985, cerca de 120 mil pescadores.

O interessante é que esses amazônidas têm uma visão e uma prática nas quais solo, floresta e rio se apresentam como interligados, um dependendo do outro, dos quais todo um modo de vida e de produção foi sendo tecido, combinando essas diferentes partes dos ecossistemas amazônicos com a agricultura, o extrativismo e a pesca. São produtores polivalentes.

Não resta dúvida de que entre os ribeirinhos é que encontraremos o que de mais especificamente amazônico existe. Afinal, foi em torno dos rios que diferentes matrizes de racionalidade, de culturas se desenvolveram e, embora não dispusessem todas do mesmo poder, até porque havia uma motivação de dominação colonial, a resultante desse processo não foi necessariamente aquela que os dominadores quiseram impor.

Deste modo, as diferentes comunidades indígenas, mais ou menos afetadas pelo processo de dominação colonial, se viram obrigadas a desenvolver as mais diferentes estratégias de sobrevivência, muitas vezes até mesmo a de negarem a identidade indígena (vide o caso dos Barés, do Baixo Rio Negro, por exemplo).

No entanto, não foram só as comunidades indígenas que sofreram as consequências da dominação colonial e imprimiram suas marcas à paisagem social ribeirinha da Amazônia. Muitos descendentes de colonos portugueses, e também de populações negras, se misturaram dando ensejo a um padrão cultural que bebe em diferentes fontes culturais e que forjaram um complexo conhecimento dos rios, das várzeas e das florestas adjacentes. A Cabanagem, movimento político que reuniu muitos desses "de baixo" em 1835, foi a primeira expressão de vontade política desse complexo cultural que emergiu ao longo dos rios amazônicos.

É preciso que tenhamos um certo cuidado com a expressão *caboclo* muito usada na Amazônia e que tenta designar essas populações. Sendo a Amazônia extremamente diferenciada em diversas sub-regiões no Acre, a expressão *caboclo* foi, na década de 1970, muito usada por fazendeiros para indicar que não eram indígenas as populações que habitavam aqueles rios, sobretudo os do Alto Juruá. Assim, a expressão *caboclo* era usada não para afirmar, mas para negar a identidade indígena e todos os direitos à demarcação de terras que derivam dessa condição.

Os pescadores polivalentes vivem, em geral, mais afastados dos centros urbanos nos *sítios, povoados* ou *lugares*, pequenas *vilas* situadas às margens de rios, igarapés, furos e paranás manejados com suas técnicas tradicionais. Segundo Lourdes Gonçalves Furtado:

dividem o tempo com atividades ligadas aos ecossistemas terrestres, tais como pequenos criatórios, lavoura, caça, coleta, extrativismo, desenvolvidas ciclicamente durante o ano: lavram a terra (própria ou arrendada), criam gado, cultivam juta, caçam, coletam sementes, frutos, resinas, fibras silvestres; fabricam carvão, torram farinha de mandioca e de peixe para consumo e/ou comercialização. A pesca é, primordialmente, destinada ao autoabastecimento e, secundariamente, à comercialização [...] seus nexos com os centros urbanos se dão, em geral, pela via das transações comerciais, parentais e rituais.

As populações ribeirinhas de pescadores-agricultores-extrativistas manipulam, há vários anos, ecossistemas extremamente delicados, sem que nenhum esforço sistemático de políticas públicas tenha existido em seu apoio. Toda uma rica tradição de construção de barcos e habitações adaptados às condições regionais vem sendo ameaçada em virtude da prioridade ao transporte rodoviário, numa região que possui a maior bacia hidrográfica do mundo.

Os pescadores monovalentes, ou, como querem alguns, pescadores efetivos, são aqueles que quase sempre migraram do interior para a sede dos municípios ou para as principais cidades da região e, ao contrário dos primeiros, que desenvolvem suas atividades nas proximidades das suas casas, saindo de manhã e voltando à tarde, estes se afastam durante semanas e até meses de suas residências, dirigindo-se para regiões mais longínquas. Como não poderia deixar de ser, esses pescadores monovalentes ficam à mercê dos comerciantes e atravessadores, particularmente devido às suas precárias condições de conservação. No entanto, por meio da *salga* são responsáveis por grande parte do abastecimento local e regional de pescado, sobretudo para as populações de baixa renda.

Essas comunidades ribeirinhas, cuja lógica de reprodução não se mede por uma racionalidade econômica estreita, como a capitalista, têm se envolvido nos mais variados conflitos em virtude do processo recente de disputa dos seus recursos naturais por parte de empresas capitalistas. Poderíamos destacar diferentes pontos de contato/conflito entre essas comunidades e outros protagonistas que tentam fazer da natureza uma mercadoria. Vejamos:

- proibição da pesca por parte de fazendeiros e de empresas agropecuárias como se observa na região do Baixo Amazonas e na "região das ilhas", sobretudo com a criação de gado bubalino, como é o caso, por exemplo, dos constantes conflitos entre os "vargeiros" e a Cia. Agroflorestal Monte Dourado, o famoso Projeto Jari;
- a paulatina expulsão das comunidades de pescadores de suas vilas e povoados, sobretudo aqueles próximos às cidades mais importantes, pela expansão da "indústria do turismo". Aqui se vê antigos pescadores, portadores de um riquíssimo acervo cultural, sendo transformados em porteiros e caseiros. Assim temos próximo a Belém os casos de Salinas, Mosqueiro, Marudá e Ajuruteua, e na região das cachoeiras ao

redor de Manaus, onde o turismo tem trazido sérios problemas às comunidades de pescadores.
- problemas gerados pela diminuição da pesca em virtude da construção de barragens, como é o caso das regiões à jusante da Hidrelétrica de Tucuruí;
- problemas gerados pela contaminação e assoreamento dos rios em virtude dos garimpos e empresas mineradoras, como se vê no rio Madeira, no Tapajós, no Trombetas e no trecho da BR-174, entre Manaus e Presidente Figueiredo, onde atua a Paranapanema com extração de cassiterita;
- o conflito direto pela apropriação da fauna ictiológica entre essas comunidades e as empresas de pesca industrial, com seus sonares, frigoríficos e "geleiras", que lhes permite fazer a pesca itinerante e, assim, sem nenhum vínculo com qualquer base territorial permanente.

Embora haja toda uma legislação que discrimine as áreas de pesca industrial e as da pesca artesanal, esses limites não são respeitados, particularmente pelos barcos de grande porte. Como declarou um pescador do Igarapé Pinto, entre o Paraná de Baixo e o Lago Jauari, em Óbidos: "Eles chegam aqui com aquelas enormes [redes] de malhadeira e levam todo o peixe do nosso *mantio*. Isso é um estrago, porque a gente fica sem o peixe pro *mantio* da família".

A pesquisadora Lourdes Gonçalves Furtado nos afirma ainda que:

> Nas considerações dos moradores da beira dos lagos que dependem de seus recursos ictiológicos, essa pressão causa impacto, na medida em que o peixe vai ficando escasso – "vasqueiro" –, o pescador sente dificuldade em conseguir uma boa pescaria capaz de lhe suprir as necessidades de alimentação e de venda de um pequeno excedente com o qual adquire bens complementares; é vista como ameaçadora à sustentabilidade dos estoques e da cadeia trófica que permite a renovabilidade desses recursos necessários à vida. Eles sentem-se ameaçados diante desse quadro que vai engendrando conjecturas, expectativas, construindo tensões internas, transformando-se muitas vezes em conflitos que se apresentam com aspectos variados desde simples admoestação ao "invasor", apreensão e queima de redes malhadeiras, apreensão de barcos e canoas de pesca até proibição de pesca nos lagos [...].

O mesmo é destacado por David Mcgrath (1993) quando diz que:

> Como resposta a essa pressão, algumas comunidades ribeirinhas estão tomando posse de lagos locais, estabelecendo regras que visam a limitar a captura de pescado e assim garantir a produtividade da pesca. [...] Como forma de controle local dos recursos pesqueiros, o manejo comunitário dos lagos pode ser uma estratégia promissora para o desenvolvimento sustentável dos recursos da várzea.

Lourdes Furtado também destaca as alternativas encontradas por essas populações para garantir sua sobrevivência, práticas essas que são indicativas de bases para uma política pública com outro recorte. Observe:

Ao longo desse eixo de luta pela subsistência e preservação do meio ambiente, surgem leis consensuais pelas quais os membros das comunidades se comprometem a observá-las e fazer respeitá-las de modo a garantir seu desideratum. Essas leis são comumente chamadas de *Acordos* e são elaboradas pelos membros das comunidades de pescadores nas assembleias gerais de suas associações comunitárias, e procuram chegar aos órgãos de poder como o Ibama, a fim de que se tornem instrumento de ordenamento pesqueiro para a Bacia Amazônica (Furtado).

Desses embates travados por essas comunidades ribeirinhas surge a proposta de Reservas Pesqueiras, em alguns lugares chamadas Reserva de Lago, como a que se vê no documento extraído do I Encontro de Pescadores Artesanais do Médio Amazonas, realizado em Óbidos, em novembro de 1984. A Carta de Óbidos explicita o que os leva à mobilização, ou seja:

> Diante da atual situação de alteração no equilíbrio ecológico regional, a qual é materializada pela diminuição de certas espécies de peixe como o pirarucu, acari, curimatá, bichos de casco, piramutaba e outros provocada por uma soma de fatores [...].

Solicitam então às autoridades constituídas "a criação oficial dos Lagos de Reserva como medida de remover os conflitos e preservar os recursos da natureza na região do Médio Amazonas".

A Carta resolve:

> 1- Conclamar todos os pescadores artesanais e pessoas comprometidas com a defesa dos elementos da natureza a se fazerem conscientemente fiscais dessa causa, observando estes princípios:
> **a)** proibir as pescarias que prejudicam o ambiente como malhadeiras de bloqueio de pirarucu e outras espécies, puças de arrasto e bombas;
> **b)** não desmatar por corte ou queimada a cobertura vegetal do entorno dos lagos, rios, igarapés e outros cursos d'água;
> **c)** não desmatar as cabeceiras dos cursos d'água;
> **d)** não matar os peixes jovens, estabelecendo um tamanho mínimo de captura e idade adulta;
> **e)** não pegar os peixes com "filhotes" ovados; não permitir invasão de "geleiras" nos Lagos de Arrimo das comunidades (lagos utilizados por uma ou várias comunidades para subsistência).

Revela-se, assim, não só um rastreamento dos problemas com que se defrontam essas comunidades mas, também, um conhecimento apurado dos mecanismos de reprodução desses ecossistemas. Sem dúvida um acervo cultural essencial para qualquer política ambiental que não parta de uma concepção estreita de meio ambiente.

É interessante a relação que David Mcgrath estabelece ao afirmar que:

> Reserva de Lago é uma forma de ocupação do solo muito parecida com a Reserva Extrativista. Ambas são tentativas da população tradicional de garantir acesso aos recursos que são a base da economia familiar local, assim preservando seu modo de viver. Também ambas buscam conservar os ecossistemas naturais. Por serem baseadas nas formas tradicionais de ocupação,

existem também diferenças importantes entre elas devido às características dos principais recursos. Na sua forma inicial, a Reserva Extrativista está baseada na organização tradicional do seringal e está dividida em "*colocações*". Esta é a unidade de produção do seringal e é composta de uma família, sua casa e as três ou quatro estradas de seringa que definem a área da *colocação*. Embora haja uma organização coletiva da Reserva e do seringal que é responsável por regras gerais sobre a utilização dos recursos florestais, cada *colocação* é explorada individualmente, e o impacto dessa exploração individual (por ex. seringa, castanha e madeira, mas não a caça) não afeta diretamente a produtividade dessas atividades nas outras colocações. No caso da Reserva de Lago, a mobilidade do recurso pesqueiro inviabiliza a criação de territórios individuais. Todos os pescadores exploram a mesma população de peixes e de modo geral a produção de cada pescador afeta a produtividade dos demais pescadores. Embora a terra ao redor do lago tenha proprietários individuais, o lago é considerado um "comum" e, por isso, o manejo é coletivo, envolvendo todos os pescadores da comunidade. Nesse contexto a viabilidade econômica da reserva depende não só das regras, mas também da qualidade da organização comunitária, especialmente o grau de participação dos pescadores nos Acordos de pesca definidos pela comunidade.

Na verdade, e como fazem os autores citados, respeitando as especificidades, é possível identificar os mesmos procedimentos básicos nas propostas das mulheres quebradeiras de coco de babaçu, das diferentes comunidades indígenas e em diferentes experiências de comunidades de agricultores em vários pontos da Amazônia.

A R-EXISTÊNCIA DOS ATINGIDOS POR BARRAGENS

A emergência de um forte movimento da sociedade civil no Brasil, e com ele a constituição de múltiplos protagonistas, a partir dos anos 70 e em claro confronto contra o regime ditatorial, colocou para além da questão da redemocratização, uma pluralidade de demandas de diferentes sujeitos sociais que surpreendeu os analistas das ciências sociais.

Além dos diferentes protagonistas já apontados anteriormente, o de *Atingidos por Barragens* é um que indica a contradição diretamente posta pela ação do Estado como protagonista. As populações se colocam aqui claramente como *atingidas*, ou seja, exatamente como aqueles que não foram os destinatários da ação do Estado, ao contrário, foram atingidos pela ação deste. No entanto, ao se constituírem como movimento dos atingidos por barragens colocam-se como sujeitos que, por sua própria ação, desejam ser protagonistas de suas vidas.

A Amazônia ganhou um lugar de destaque no Movimento Nacional dos Atingidos por Barragens exatamente pelo significado que a região tem tido no contexto internacional, pelas articulações de interesses inicialmente feitas pelos "de cima" e "por cima" e, mais recentemente, também pelos "de baixo". Já salientamos que as instituições multilaterais (BIRD e o BID) foram as principais avalistas da ditadura. e dos interesses dos grandes grupos financeiros nacionais e internacionais na construção de infraestruturas e, neste sentido, foram os principais protagonistas do modelo que tentou se implantar na Amazônia nos últimos vinte/trinta anos. Estes foram os articuladores "por cima".

No entanto, e quebrando o privilégio dessas articulações até então feitas exclusivamente "por cima", "pelos de cima" e "para os de cima", vimos emergir novas articulações "por baixo", "pelos de baixo" e que apontam para os interesses não só dos "de baixo" como para o interesse de todos. Os movimentos ambientalistas, por exemplo, já vinham denunciando a responsabilidade do Banco Mundial na construção de hidrelétricas na Índia, na África e no Brasil.

No Brasil, apesar do enorme potencial hidroenergético existente em todo o país, se olharmos na perspectiva de construção de micro, pequenas e médias barragens, forjou-se quase um consenso de que se havia esgotado o potencial energético nas demais regiões e que a Amazônia se apresentava também aqui como a "última fronteira". Por trás desse discurso se encontravam, sem dúvida, as grandes empresas de construção civil que, desde o governo JK, se encastelaram no âmago do aparelho de Estado brasileiro fazendo coincidir os seus interesses particulares na construção de grandes obras com os interesses nacionais. Elas tinham se apoderado de um complexo tecnológico, com um enorme capital mobilizado, o qual exige, sempre, que novas grandes obras sejam construídas lá na frente. Relacione-se essa lógica, própria das grandes empresas da construção civil, com a ideologia dos gestores territorialistas civis e militares, com o discurso do Brasil Grande, e teremos o caldo de cultura autoritário que o Banco Mundial e outras instituições financeiras privadas sancionaram.

O Movimento Nacional dos Atingidos por Barragens colocou para a sociedade brasileira e mundial outros lados desse modelo desenvolvimentista. Em fevereiro de 1989 foi realizado em Altamira (PA), o Primeiro Encontro Regional dos Trabalhadores Rurais Atingidos pelo Complexo Hidrelétrico do Xingu, que reuniu sindicatos de trabalhadores rurais, associações de classe, ambientalistas e organizações não governamentais como preparativo para o Encontro Nacional que se realizaria a seguir.

Acompanhemos de perto algumas observações contidas no documento *Terra Sim, Barragens Não*, do I Encontro Nacional dos Atingidos por Barragens, realizado em Goiânia, em abril de 1989:

> [...] Os efeitos perversos desses empreendimentos acontecem antes, durante e após a obra. A partir do momento em que a população da região onde vai ser feita a usina toma conhecimento do objetivo governamental, começa a haver uma "tensão" face à incerteza do futuro, que desorganiza a vida social e, particularmente, a atividade produtiva. A especulação com a terra e os imóveis começa a campear. [...] É frequente nessa fase a expulsão de inquilinos nas cidades e as de parceiros, arrendatários e posseiros no campo. Aliado a isto, a presença da estatal e suas consultoras na região, para estudos preliminares, tem-se caracterizado por

invasões e danos às propriedades. Durante o período da obra principal (barramento, montagem das turbinas), os efeitos mais importantes (são) os decorrentes da grande concentração de trabalhadores e dos processos paralelos de desapropriação de terras e deslocamento de populações. A presença maciça de operários tem trazido problemas de sobrecarga às redes de serviços e infraestrutura regional [...] Por outro lado, eles próprios mostram-se menos resistentes a enfermidades típicas da área. [...] Esse quadro, evidentemente, gera o crescimento da procura dos serviços de saúde regional que, na maioria dos casos, não estão dimensionados e nem capacitados para a nova realidade. Mesmo quando os empregados da obra têm assistência médico-hospitalar própria, o problema se mantém para os antigos habitantes da região e para os que chegaram atraídos pelo empreendimento, mas não foram contratados. [...] Normalmente tem sido durante o período de obras que se desenvolve o grosso do processo de aquisição de terras da área do reservatório e o deslocamento dos "afogados". A prática da empresa [...] é a tentativa de negociação individual e de indenização em dinheiro. Contudo vários movimentos [...] relataram uma nova situação decorrente da luta dos atingidos. Negociações coletivas, valores de indenização compatíveis com o mercado, terra por terra, reassentamento para os sem-terra, são algumas vitórias que puderam ser contadas. Todavia, esses êxitos não eliminaram a desorganização do mercado regional de terras e imóveis, a concentração da propriedade da terra, o aumento dos sem-terra, a migração para as cidades, a invasão dos territórios indígenas, a dispersão de comunidades e povoados, a desarticulação da base de sindicatos rurais e urbanos e a desorganização do próprio movimento dos atingidos.
O término da construção tem trazido ainda um novo conjunto de consequências decorrentes, agora, do desemprego de milhares de trabalhadores. A migração, o crescimento da marginalidade urbana, a favelização, são algumas características desse momento particular [...].
Com o enchimento do reservatório e a operação da hidrelétrica, nova fase tem início. A formação do lago tem, em geral, ocasionado piora na qualidade da água, provocando consequências sérias. O fato tem sido extremamente mais grave nos reservatórios formados em áreas de floresta tropical que não foram desmatadas, como [...] Tucuruí e Balbina mostraram. Lá, a água do rio utilizada para consumo doméstico passou a ser veículo de contaminação e transmissão de doenças. A pesca, nos primeiros tempos, até foi boa no reservatório [...] porque os peixes que migram estavam retidos e só conseguiam sobreviver próximo à superfície pela falta de oxigênio em águas mais profundas. Rapidamente gases fétidos empestaram a região e os mosquitos proliferaram violentamente. À jusante, os peixes simplesmente desapareceram.
As consequências do represamento dos rios, além de tudo, não se têm manifestado somente na área do reservatório. O representante dos atingidos de Tucuruí mostrou que à jusante das barragens os problemas também podem ser graves. Além da questão da qualidade da água, a forma do rio tende a se modificar. Curvas surgem e desaparecem. Praias deixam de existir. O saber dos ribeirinhos é perdido. O rio é regido não mais pelas leis da natureza, que a população aprendera a conhecer, mas pela lógica dos homens interessados exclusivamente em gerar energia elétrica. A impossibilidade das plantações de várzeas é apenas um dos aspectos cruéis dessa nova lógica.
Para os presentes no Encontro Nacional ficou claro, com o exemplo das hidrelétricas construídas e em construção, a mentira do discurso que fala dos "usos múltiplos" dessas barragens. Como falar em lazer e pesca em águas fétidas e sem oxigênio? Como falar em irrigação com águas poluídas? Como falar em regularização dos rios, se o que comanda as comportas é a demanda dos grandes consumidores de eletricidade, alheios a qualquer problema ribeirinho? (pp. 32-33).

A Carta de Goiânia, documento oficial desse I Encontro, diz:

Nós, participantes do I Encontro Nacional de Trabalhadores Atingidos por Barragens, em Goiânia, de 19 a 21 de abril de 1989, reconhecemos a importância da geração de eletricidade, mas também de sua economia e conservação. Entretanto, sabemos que a atual política do setor elétrico atende a um modelo de desenvolvimento que privilegia os interesses do grande capital (construtoras, mineradoras, indústrias, fabricantes de equipamentos pesados e financiadores nacionais e internacionais – e credores da dívida externa), excluindo a classe trabalhadora do processo de decisão, planejamento e implantação dos programas do setor.

Esta política, concretizada no Plano 2010 da Eletrobrás, é elaborada no sigilo dos altos gabinetes, sem a participação da sociedade.

Os projetos do setor elétrico não geram só energia, mas uma série de efeitos perversos, tais como: inundação de milhares de hectares de terras férteis; aumento da concentração fundiária – deslocando contra sua vontade – milhares de famílias de trabalhadores rurais e ribeirinhos e povos indígenas; expulsão do homem do campo para as periferias das cidades; empobrecimento da população atingida; dispersão de comunidades e povoados; perda de um saber popular sobre a terra e o rio; alteração dos rios com ocorrência de doenças e contaminações das águas. Diante deste quadro exigimos do governo:

1) Elaboração de uma nova política para o setor elétrico com a participação da classe trabalhadora;

2) Que sejam imediatamente solucionados os problemas sociais e ambientais gerados pelas hidrelétricas já construídas e que isto seja condição para a implantação de novos projetos;

3) Cumprimento dos acordos já firmados entre os atingidos e as concessionárias do setor elétrico;

4) Fim mediato dos subsídios tarifários às indústrias favorecidas pelo setor elétrico.

REFORMA AGRÁRIA JÁ, SOB O CONTROLE DOS TRABALHADORES!
DEMARCAÇÃO DAS TERRAS INDÍGENAS!
DEMARCAÇÃO DAS TERRAS DAS COMUNIDADES NEGRAS REMANESCENTES DE QUILOMBOS!
NÃO PAGAMENTO DA DÍVIDA EXTERNA!

A leitura da Carta de Goiânia revela uma visão da problemática específica que atinge esses segmentos da sociedade colocando explicitamente, a demanda de um estado democrático, no qual os trabalhadores sejam ouvidos e não simplesmente atingidos; a valorização da diversidade cultural como fundamento dessa ordem democrática; a percepção da problemática da Reforma Agrária como essencial na busca de uma democracia substantiva, ou seja, que incorpore valores de justiça social e a percepção de que o Estado brasileiro tem sido utilizado para fins privados e não públicos.

A participação de entidades representativas de diversos segmentos sociais dos "de baixo" da Amazônia, além de entidades e universidades que apoiam suas lutas, que assinam a Carta de Goiânia, revela que, de fato, a Amazônia é parte significativa de um projeto para a sociedade brasileira que, assim, incorpora efetivamente os amazônidas na sua construção. Aqui há de fato um elemento novo e diferente daquele que ainda se vê e que tenta incorporar a Amazônia simplesmente pelas repercussões do que acontece na região traz para a imagem do Brasil no exterior.

AMAZÔNIA, AMAZÔNIAS

NOVOS CENÁRIOS, NOVAS POSSIBILIDADES POLÍTICAS

Vimos que ali onde se chamava de "vazio demográfico" existe uma realidade complexa, constituída por múltiplos sujeitos portadores de diferentes matrizes de racionalidade, particularmente relevantes nesse momento em que mudanças de padrões tecnológicos e socioculturais se colocam em questão.

A partir de agora, sem dúvida, a imagem que se tem da Amazônia não pode ser simplesmente mais uma imagem sobre a região, sem considerar os amazônidas como protagonistas ativos de seu presente/futuro.

Se a Amazônia desde sempre se colocou como uma construção tecida local/regionalmente por uma ordem colonialista/imperialista e, portanto, internacional, hoje essa complexa relação se coloca sob novas mediações. Já não se coletam simplesmente as "drogas do sertão" ou o látex e a madeira para exportar por meio das casas comerciais de Belém e Manaus. As diferentes configurações socioculturais da Amazônia já não são simplesmente "clientes" de "patrões".

Hoje, a cada nova apropriação do solo, da terra, do subsolo, do minério, das águas, da fauna ou da floresta que grupos empresariais nacionais e internacionais tentam fazer há, de outro modo, populações tradicionais, e outras que com elas aprenderam a se relacionar com os recursos naturais, apresentando-se como protagonistas de outros possíveis usos a partir de outras matrizes de racionalidade, que não podem ser medidas exclusivamente por uma lógica econômica.

As novas tecnologias abriram, por sua vez, a possibilidade para que essas populações, até aqui submetidas aos mecanismos de mediação política tradicionais, *clientelísticos*, pudessem interagir nacional e internacionalmente. A telemática, combinando a informática e as telecomunicações, tem permitido que, em tempo real, um massacre seja conhecido em Brasília, Londres, Paris ou Nova York.

O monopólio das articulações extrarregionais, inclusive internacionais, já não é mais privilégio dos "de cima". E, agora, cada vez mais se percebe que o massacre é, na verdade, o epifenômeno de um conflito básico envolvendo matrizes de racionalidade distintas, enfim, de diferentes culturas com suas formas e seus modos de apropriação da natureza simbólico-materialmente diferentes. Não só a questão de a quem a natureza pertence está posta, como também diferentes concepções do que seja a natureza estão em conflito. Não só a questão de quem se apropria, mas também a dos diferentes modos de apropriar-se material e simbolicamente da natureza. A questão amazônica tornou-se complexa.

Múltiplas formas de convivência com os ecossistemas regionais passaram, a partir dos anos 70, a ser disputadas a partir de outros referenciais, com uma valorização seletiva de um ou outro "elemento" da natureza: o minerador está interessado no subsolo, pouco se importando com o solo, com o rio ou com a floresta que, para ele, são obstáculos; o pecuarista vê a floresta como mato a ser derrubado para se transformar em pasto; o madeireiro, com a abertura das estradas, pode explorar além das cercanias dos rios, ao ter acesso à terra firme e, com o combustível para a sua serra elétrica e a energia, que passa a estar disponível para a instalação de serrarias, promoverá uma intensificação da exploração de madeiras de alto valor, como o mogno, por exemplo; muitas famílias de camponeses que vieram do sul ou do nordeste, cuja cultura não foi forjada na convivência com a floresta, mas sim com a sua derrubada, reproduziram na Amazônia essas práticas e se viram obrigadas a mudar ou de lugar ou de mentalidade. Tem sentido falar-se de impacto, termo que indica que algo externo colide, impacta com um outro.

Num momento como o que vivemos, no qual novas (di)visões se fazem, no qual tantos muros caem, é preciso que se vá além da ideia/ideologia de que o que caiu foi somente o Muro de Berlim. Caíram também, por exemplo, os muros que isolavam essas populações de um diálogo direto com movimentos sociais extrarregionais (nacionais e internacionais). As chamadas organizações não governamentais (ONGs) adquirem aqui um papel relevante. Vejamos isso um pouco mais de perto.

NOVAS MEDIAÇÕES POLÍTICAS:
DE ONGS E DE SUAS AMBIGUIDADES

Na Amazônia, muitas das entidades que surgiram, sobretudo nos anos 60 e 70, antes de serem "não governamentais" foram entidades "sem fins lucrativos". Observe-se que a denominação dessas entidades é, nos dois casos, feita pelo negativo (não e sem). No entanto, o que se nega nos dois casos é diferente: de início nega-se o lucro – sem fins lucrativos – e, depois, nega-se o Estado por meio da negação dos governos – não governamentais. Desloca-se, assim, a questão do campo das relações sociais, que tão bem caracteriza os socialistas, para o campo da relação da sociedade com o Estado, que melhor caracteriza a ideologia liberal.

Destacaram-se na Amazônia aquelas entidades criadas por setores ligados à Igreja Católica, particularmente aqueles ligados à Teologia da Libertação e aquelas ligadas a partidos políticos clandestinos. A Fase, entidade fundada em 1961 por religiosos norte-americanos ligados à Igreja Católica, muda completamente sua ação, de início mais filantrópica, a partir dos anos 70, quando passa a ter um papel destacadíssimo na Amazônia, no Pará sobretudo, na criação de sindicatos de trabalhadores rurais e na mediação política dos interesses dos "de baixo". O mesmo pode ser dito do Cimi – Conselho Indigenista Missionário – ou da CPT – Comissão Pastoral da Terra. Essas entidades sem fins lucrativos mantiveram uma íntima vinculação com a organização dos movimentos populares.

Sabemos que a identidade de organizações não governamentais está ligada às tradições liberais com fortes raízes na formação político-cultural norte-americana. Afinal, "não governo" é a matriz do pensamento liberal. O crescimento dessas entidades, de início nos países centrais revela, ao contrário do que se diz, a fragilidade da sociedade civil para sustentar e garantir as conquistas efetuadas nos marcos do *Welfare State*.

A "lentidão dos governos" e "a burocracia", são expressões vagas que, com grande simplicidade, explicam tudo, são invocadas para justificar a maior flexibilidade e capilaridade dessas outras formas de organização. Não se explica por que esse mesmo Estado tão lento para responder a determinadas demandas, sobretudo quando colcoadas pelos "de baixo" , se mostra tão rápido para atender outras, sobretudo quando vindas dos "de cima" (vide o caso do Pró-álcool). Subjacente a essas entidades há um novo tipo de desempregado qualificado, com formação técnica e/ou universitária, produto da Terceira Revolução Industrial, desempregados esses que vão constituir a mão de obra disponível, ensejando o fenômeno das ONGs. O discurso de denúncia "da irracionalidade do uso dos recursos naturais", por exemplo, é indicativo de que falam a partir de uma lógica de racionalidade, a lógica científica do meio de onde provêm. Esse é o caldo sociocultural de onde emergem as organizações não governamentais. Sua capacidade de argumentação invocando a racionalidade é uma demonstração inequívoca. A crítica ao consumismo e ao desperdício, inclusive da destruição alimentada pela criativa indústria bélica, enfim, a crítica à "irracionalidade do sistema", da destruição da guerra alimentada pela criativa indústria bélica, não emerge dos setores inseridos no modelo de consumo de massa. Ao contrário, parte daqueles que foram excluídos, mas que detêm um capital cultural capaz de analisá-lo criticamente porque dominam os seus códigos. Dominam as tecnologias da circulação de ideias e a partir daí já que não estão nas estruturas de produção tradicionais que, também, se transformam, se colocam como mediadores críticos de interesses variados. Não nos esqueçamos de que, pelo menos no Primeiro Mundo, os sindicatos eram parte do pacto fordista que configurava a sociedade de consumo de massa.

Ao mesmo tempo, muitas dessas organizações dependem de financiamentos de agências cujas fontes são governamentais. Muitos dos que nelas trabalham têm que estar atentos frequentemente às agendas dos financiadores para adequar seus projetos. Saliente-se que ser profissional é um capital simbólico-político que se costuma invocar contra o amadorismo romântico dos revolucionários. O discurso da competência é o seu atributo de qualidade. O fato de dependerem de quem as financie torna-os, portanto, muito suscetíveis às agendas dessas agências globais para realizarem seus projetos. As relações de trabalho às quais estão submetidos são precárias e completamente desregulamentadas, não tendo direito a férias e, até mesmo, à previdência social que, paradoxalmente, foram conquistas históricas de direitos decorrentes das lutas dos trabalhadores.

Há, também, aquelas organizações como o Greenpeace, por exemplo, que recusavam recursos de empresas ou de governos procurando manter, assim, sua independência política. Estranhamente o Greenpeace tem sido o alvo preferido dos que criticam a ingerência dessas entidades, logo ela que procurava se manter livre das influências empresariais e governamentais, vivendo de contribuição voluntária de pessoas físicas.

Não é difícil vermos aqui os ambientalismos. Não é difícil vermos aqui se atualizarem mitos, como o da natureza intocada que precisa ser colocada a salvo da sanha desenvolvimentista. Não é difícil vermos emergir encontros amazônicos/planetários.

Desses encontros emergem, também, o que não estava contido nesses diferentes vetores, por meio dos quais uma reorganização societária de grande envergadura se vem pondo no mundo. Diferentes sujeitos sociais, até então tidos como desqualificados culturalmente para o debate, ganham visibilidade.

Aquela violência que esteve no nascedouro do processo de constituição das relações sociais de corte capitalista e que pressupõe a separação do homem da natureza, como se deu com a privatização das terras comunais nos *enclousures* na Inglaterra, ou com a simples queima de cabanas de camponeses de que nos falara Thomas Morus, enfim, com muito sangue, suor e lágrimas, se dá agora ao vídeo e em cores, em tempo real. Um *fax-modem* faz com que a informação, à velocidade da luz, supere as longas distâncias amazônicas.

Como é da natureza do fato político se manifestar em público, na pólis, é preciso ter direito à voz. Livres dos controles *clientelísticos* e com o apoio desses novos mediadores, novos sujeitos políticos emergem de velhas matrizes socioculturais na Amazônia e se apresentam como protagonistas para o debate. São outros Ecos.

Na Amazônia, sem dúvida, o isolamento enseja uma condição muito favorável a que "os de baixo" fiquem à mercê seja da "bodega" do fazendeiro, do "barracão" do seringalista, do marreteiro que vem pela estrada, ou do regatão que vem pelo rio, enfim do "patrão", dos "patrões". Não há dúvida de que, na esteira de Chico Mendes e dos mais diferentes movimentos indígenas, outros sujeitos sociais surgem na cena política para o que, sem dúvida, tanto as organizações sem fins lucrativos, como as "não governamentais" contribuíram ao se inscreverem quebrando as mediações tradicionais oferecendo-se, assim, outras possibilidades para esses sujeitos sociais se constituírem com personalidade política própria.

Aqui está uma das razões que os "de cima" invocam para transferir aos ecologistas o perigo antes representado pelos comunistas. Em uma Audiência Pública para avaliar a construção de uma estrada no Amapá, pudemos observar faixas e cartazes dizendo: "Queremos estrada e não estranhos". Os ecologistas e as organizações não governamentais são os novos "infiltrados", são "estranhos" àquelas relações sociais de dominação. Sabemos a força desses recortes, dessas (di)visões do mundo social, que criam barreiras, muros, onde aqueles que os invocam se apresentam como guardiões legítimos dos interesses da comunidade assim confinada. São formas de apropriação territorial, que tentam definir as fronteiras e a legitimidade dos interlocutores. Os estranhos, os "de fora", estariam, por definição, desqualificados.

São esses territórios que estão sendo desfeitos e, a partir daí, novas territorialidades se configurando no mapa político. No lugar do seringal, territorialidade seringalista, emerge a Reserva Extrativista, territorialidade dos seringueiros, e que hoje transcende-os sendo, também, das quebradeiras de coco de babaçu, ou dos pescadores, e até mesmo se desamazonizando, na medida em que é reivindicada por pescadores em Santa Catarina, ou em Arraial do Cabo, no Rio de Janeiro, ou influenciando a criação de Reserva Campesina de Biodiversidade dos Chimalapas, no México.

DA SOBERANIA À AUTONOMIA

O BIRD, o BID e o G-7 que deram todo o apoio à ditadura e ao modelo de desenvolvimento anterior, socialmente excludente e ecologicamente irresponsável, agora se veem compelidos a dialogar com esses segmentos sociais que emergem na cena política na Amazônia. Aqui a ambiguidade das chamadas organizações não governamentais também se apresenta.

Muitas delas são convidadas por essas instituições globais para opinar sobre projetos em nome de uma sociedade civil que não representam, até porque não têm delegação ou representação política para tal, ao contrário dos sindicatos ou outras associações comunitárias que, sabemos, também precisam apurar seus mecanismos de representação para se tornarem mais democráticas.

Ao mesmo tempo, os gestores das entidades multilaterais, como o BIRD e o BID, também têm interesses próprios, como técnicos gestores, nessas novas mediações e articulações. Afinal, como mediadores com elevados salários dependem, como tais, de interlocutores, e portanto das novas configurações políticas que vão se ensejando na sociedade civil. Assim esses técnicos tanto dialogam com as empresas que falam de "desenvolvimento sustentável" (conceito nada técnico produto de um acordo político-diplomático no seio da Comissão Brundtland da ONU), como, também, com as comunidades que tentam se organizar para defender o que acreditam ser seus direitos.

Um mapeamento da destinação dos recursos dessas entidades multilaterais está para ser feito e indicará para onde pende a balança: se para as empresas ou para apoio comunitário, enfim, se para os "de cima" ou para os "de baixo". No caso dos recursos do então G-7 (Grupo dos Sete, hoje G-8) para o Programa Piloto para a Preservação das Florestas Tropicais, a menor parte foi destinada às populações por meio de suas entidades de base. A carência em que vivem essas populações todavia as tornam muito suscetíveis a novas formas de *clientelismo*, mais modernos sem dúvida, mas nem por isso menos *clientelismo*.

Os fantasmas dos perigos que ameaçam a soberania são, nesse contexto, atualizados. Os "de baixo" são vistos como que sendo manipulados por interesses externos que os instrumentalizam. Volta a metáfora da infiltração.

Os militares, que por definição e atribuição constitucional devem zelar pela integridade territorial, atualizam seus fantasmas a respeito da Amazônia. Sabemos que qualquer força armada precisa de uma clara *hipótese de guerra*. O raciocínio característico do campo militar precisa, portanto, sempre imaginar um inimigo, se construir a partir de uma "lógica conspirativa". Com a queda do muro de Berlim os "lados" ficaram difusos, confusos e, assim, a ideologia anticomunista norte-americana que desde West Point, em 1948, é decisiva na conformação ideológica dos militares brasileiros, se dilui. Com a mundialização da economia, por seu turno, a constituição de "blocos regionais" se apresentou como uma das alternativas possíveis para garantir algum controle sobre mercados. Assim o Mercosul foi criado, aplainando antigas tensões com a Argentina que era a hipótese de guerra mais importante, até recentemente. Aliás, a aproximação com a Argentina já se dera pelas afinidades ideológicas diante do "perigo comunista" pelos porões das celas de tortura da "Operação Condor".

Nesse novo quadro desfazem-se unidades militares no Rio Grande do Sul e batalhões são transferidos para o Amazonas e o Acre, por exemplo. Não havendo mais o "perigo vermelho" nem platino, a Amazônia ressurge com aqueles atributos já consagrados desde o período colonial. Os fantasmas da cobiça internacional tornam-se mais reais quando se fala de Amazônia, já o vimos. Não é difícil vermos aqui o "perigo verde" substituir o "perigo vermelho" e as organizações não governamentais os "comunistas".

Assim, discutindo o imperativo nacional da integridade territorial, mais uma vez, os amazônidas ficam sem razão diante da *raison d'ètat*. Cria-se o Sipam (Sistema de Proteção da Amazônia), do qual o Sivam (Sistema de Vigilância da Amazônia) é parte, exatamente quando o embaixador do Brasil nos Estados Unidos, Rubens Ricúpero é chamado com urgência para assumir o novo Ministério do Meio Ambiente e da Amazônia Legal, em 1993.

A relação entre meio ambiente, Amazônia e a ordem internacional é aqui institucionalizada pela nomeação de um homem da diplomacia com passagem nos meios das grandes finanças internacionais e dizem bem das ambiguidades, que sabemos históricas, que envolvem o debate nacional quando se fala de Amazônia. A retórica nacionalista exclui os nacionais, particularmente os amazônidas. As complicadas gestões que envolveram a aprovação pelo Senado brasileiro do financiamento para o Sivam indicam não se tratar de um mero caso de corrupção, como se costuma banalizar a compreensão de problemas de fundo, mas de natureza estratégica. A Amazônia tem uma enorme importância em termos de diversidade cultural, chave para uma compreensão da sua biodiversidade e para uma política científica compatível com um país, particularmente para uma região que dispõe de um patrimônio cultural e natural enorme.

Assim o destino da Amazônia, particularmente daquela Amazônia real, e não aquela das imagens, dependerá do modo com que cada brasileiro for capaz de, antes de mais nada, reconhecer que a Amazônia não é desconhecida, como costuma se falar. Ao contrário, é conhecida por diferentes populações com múltiplas matrizes culturais, que forjaram suas vidas na convivência com esses ecossistemas e que, hoje, se apresentam para o diálogo político exigindo direitos e não favores; que descobriram os caminhos que lhes permitem falar com o mundo, sobretudo quando os "de dentro" tentam silenciá-los; que sabem, por experiência própria, que a sobrevivência de um seringueiro/castanheiro no Acre ou no Amapá, ou de uma mulher quebradeira de coco de babaçu no Maranhão ou Tocantins, de um agrossilvicultor e de suas cooperativas em toda parte, depende de uma reforma do Estado que incorpore os "de baixo" nas políticas públicas, seja pelo fortalecimento dos vínculos do Inpa ou da Embrapa com a cultura regional, seja com o Banco do Brasil financiando a castanha ou o babaçu, por meio de cooperativas agroextrativistas, ou que a importação de óleo de mercado vegetal ou de borracha, por exemplo, não se faça em nome de uma abertura de mercado irresponsável e abstrata que ignora essas realidades.

Há uma contribuição inequívoca que esses segmentos sociais trazem a todos e é necessário que afirmemos que o que está sob o perigo de extinção na Amazônia não são só espécies vegetais ou animais mas, sobretudo, a extinção de leituras de mundo, de modos de agir, pensar e sentir.

É preciso que reflitamos sobre a soberania, para além da sua dimensão de territorialidade nacional, considerando-a. O nacionalismo turva o debate sobre as fontes do poder, sobre quem é que decide soberanamente, questão que, sabemos, não se supera simplesmente abdicando-se do Estado Nacional. Afinal, mesmo que tivéssemos uma outra territorialidade, a questão de quem é que decide, sobre o que e até onde e sobre que espaço tem validade as decisões tomadas, continuam se colocando, independentemente de termos ou não as fronteiras nacionais. São questões inerentes à política que, em grego, significava exatamente a arte de definir limites.

Assim, é preciso trazer ao debate a questão da autonomia, não como ideia de território autônomo que, nesse caso, privilegia uma de suas dimensões, a geográfica, sem dúvida importante, mas que elude a outra dimensão, a esta intimamente ligada e que, também, como nos ensinam os gregos, diz respeito àqueles que se dão – *auto* – as próprias normas, suas próprias regras – *nomos*. É isso, no fundo, que queremos sugerir ao debate da/sobre e, sobretudo, com a Amazônia. Em outras palavras, que entre os que vão se dar as suas próprias regras (*nomos*), suas próprias normas, se inclua os que até aqui foram excluídos e entre esses, sem dúvida, estão os "de baixo", os amazônidas dessas múltiplas Amazônias.

APÊNDICE

CHICO MENDES: UM ECOLOGISTA SOCIALISTA

O enquadramento ecologizado do debate acerca da Amazônia ensejou um debate mais complexo. Para além de uma visão idealizada que se forjou sobre a região, existe uma outra vivenciada por suas populações, que está longe daquele retrato de "bom selvagem". É uma realidade dura de miséria e violência, e que desafia a ecologia conservadora a pensar a questão social junto com a ecológica. E foi exatamente do seio dessa população que emergiu uma voz que revolucionou o debate sobre o modelo de desenvolvimento e juntou essas duas questões, isto é, ecologia e justiça social.

Este é o principal legado dos seringueiros e dos povos da floresta, através de seu maior líder, Chico Mendes (1944-1988). É claro que sua imagem também foi apropriada de diferentes maneiras. A mais difundida delas é que se tratava de um ecologista, tendo sua imagem sido associada à do líder pacifista indiano Mahatma Ghandi e, por isso chamado, o "Ghandi da Floresta". Outros, ao contrário, procuravam destacar que Chico Mendes, mais do que um ecologista, era um líder sindical e socialista.

Na verdade Chico Mendes reunia em si essas duas dimensões. Soube, como poucos, perceber que o destino de seus pares mais próximos estava ligado aos destinos da humanidade e do planeta. Soube superar ortodoxias sem cair em modismos. Da sua formação comunista soube superar o preconceito contra a ecologia, sem deixar de buscar os seus velhos e atualíssimos ideais de justiça social. Soube ver nos ecologistas, que queriam a floresta em pé, aliados, destacando que a defesa da floresta seria melhor feita por quem nela habita. Não temia a tecnologia, mas não fazia dela um deus. Sabia que por trás das técnicas tem gente com interesses sendo viabilizados por meio delas. Por isso pleiteava apoio técnico e científico que ajudasse não a derrubar a floresta, mas que tornasse melhor a vida dos povos da floresta e os que nela quisessem continuar vivendo.

Chico Mendes inteligentemente percebeu as contradições que o próprio governo brasileiro havia se metido ao internacionalizar a Amazônia. A subordinação do governo aos grandes capitais internacionais o colocava sob a alça de mira da sociedade civil do Primeiro Mundo. Procurou mostrar, por exemplo, que os financiamentos do Banco Mundial para a construção da BR-364, interligando Cuiabá a Porto Velho-Rio Branco, apesar de o governo brasileiro (no projeto) haver se comprometido a desenvolver ações de proteção ao meio ambiente e às comunidades indígenas, nada havia feito nesse sentido. Isso sem que o Banco Mundial fizesse qualquer fiscalização do uso dos recursos que, no fundo, são provenientes dos contribuintes das sociedades dos países do Primeiro Mundo.

Chico Mendes estabeleceu um verdadeiro programa de ação política que colocou em debate uma nova visão da problemática ecológica, de modo muito mais profundo do que até então se fazia. Entre as práticas que procurou desenvolver destacamos:

- Percebeu que a sua força política dependia da organização de sua base social pelos sindicatos.
- Percebeu que as populações indígenas constituíam seus aliados imediatos, posto que sofriam problemas muito parecidos e, tal como os seringueiros, dependiam da floresta para a sua sobrevivência. Procurou, então, criar a Aliança dos Povos da Floresta.
- Procurou criar uma entidade de caráter regional, o Conselho Nacional dos Seringueiros, que congregasse não só seringueiros, mas também os demais extrativistas da Amazônia, como os castanheiros, os balateiros, os ribeirinhos, os açaizeiros, as quebradeiras de coco de babaçu, além de outros trabalhadores rurais. Por meio desta entidade procurava interferir nos mecanismos que definiam os preços dos seus produtos em nível nacional, como a borracha, do que, até então só participavam as indústrias de pneumáticos, os comerciantes de borracha e os patrões seringalistas, ficando de fora "os verdadeiros produtores de borracha", como costumava afirmar.
- Por meio do Conselho Nacional dos Seringueiros procurava aliar-se a técnicos e cientistas que pudessem colaborar na formulação de alternativas de desenvolvimento para essas populações, demonstrando desse modo que não lutava simplesmente para manter a situação de vida miserável em que viviam.

- Percebeu que além dos grandes fazendeiros que procuravam desmatar a Amazônia havia toda uma política oficial que foi desenvolvida para transferir para a Amazônia levas de migrantes que haviam sido expulsas dos seus lugares de origem pelo modelo agrário/agrícola adotado no país. Sendo assim, procurou se aproximar do movimento nacional de trabalhadores rurais, da luta pela reforma agrária, seja participando da Contag, seja pela criação da Central Única dos Trabalhadores, a CUT, da qual era dirigente nacional quando foi assassinado. No interior desses movimentos foi protagonista de uma proposta, à época extremamente original, a de que, dada a diversidade sociocultural que constitui o espaço geográfico brasileiro, a reforma agrária deveria ser diferenciada, respeitando os diferentes modos de vida e de cultura. Sendo assim, abriu uma brecha para que o movimento sindical contestasse a política do Incra de oferecer um módulo rural de 50 ou 100 hectares na Amazônia, posto que o modo de vida dos seringueiros, por exemplo, demandava uma média de 300 hectares.
- Percebeu que os ambientalistas, por sua defesa da floresta, seriam aliados importantes. No entanto, como vimos, introduziu o povo no debate ecológico, com sua proposta da Aliança dos Povos da Floresta e de reforma agrária que respeitasse os contextos socioculturais específicos e também com a própria criação do Conselho Nacional dos Seringueiros.
- Percebeu ainda que era preciso inventar uma figura jurídica que protegesse o trabalhador rural contra as pressões a que ficam submetidos quando têm acesso à propriedade, como demonstram diferentes experiências. Sabia que ações deveriam ser empreendidas para garantir créditos, e todo um conjunto de políticas que tornasse possível a sobrevivência dessas populações. No entanto, procurou investir para que houvesse um caráter de propriedade comunitária que, respeitando o trabalho individual e familiar, servisse de respaldo jurídico contra as pressões a que fatalmente se veem submetidos. Foi assim que, inspirado na figura jurídica de Reserva Indígena, foi protagonista da proposta de Reserva Extrativista, que é formalmente propriedade da União, que envolve dezenas e até centenas de famílias, que seria gerida através de um plano de uso elaborado e posto em prática pelas próprias populações por meio de suas organizações de base comunitária (Sindicatos, cooperativas, escolas, associações de mulheres etc.).
- Nessa aliança com os ambientalistas, viu a perspectiva de repercutir suas bandeiras fora de uma região, que por ser marginal, periférica e dependente, não tem sua voz ouvida ou qualificada, ainda mais quando vinda dos "de baixo". Articulou-se, assim, com os ambientalistas brasileiros, de maneira mais forte com aqueles que eram sensíveis à problemática

social, como os dos Comitês de Apoio aos Povos da Floresta por ele criados no Rio de Janeiro e São Paulo. Articulou-se ainda com os ambientalistas do Primeiro Mundo, que abraçaram suas denúncias das responsabilidades dos governos dos países que davam aval ao modelo devastador posto em prática pelo governo e elites brasileiras.

- Expressou em diferentes oportunidades suas diferenças, inclusive, com relação aos ambientalistas, como nos seus pronunciamentos a respeito da construção de estradas na Amazônia. Procurou mostrar que não é a estrada que promove os desmatamentos na Amazônia, como acreditam muitos ambientalistas que vêm a Amazônia pelas imagens de satélite. Procurava demonstrar que o isolamento em que vivem os caboclos na Amazônia é uma das fontes da sua miséria, posto que sem ter opções para comprar ou vender seus produtos, se vêm sujeitos a aceitar os baixos preços que os regatões e marreteiros oferecem pelo que têm a vender, e os elevados preços pelo que precisam comprar. Ademais, não se encontra uma família na Amazônia que não perdeu um filho por não ter como transportá-lo a um médico pela falta de transportes ou pela falta de uma infraestrutura de saúde na região. Por isso, normalmente essas populações veem na estrada uma possibilidade de se libertarem e, portanto, o debate sobre a construção de uma estrada deve ser feito conjuntamente com uma série de outras medidas, como a demarcação de terras das populações que aí vivem, a instalação de infraestrutura de saúde e educacional, entre outras, introduzindo assim a dimensão social do desenvolvimento regional, do que as estradas são apenas um elemento.

BIBLIOGRAFIA

ABRAMOVAY, Ricardo. *Paradigmas do capitalismo agrário em questão.* São Paulo: Hucitec, 1992.
ALLEGRETTI, Mary Helena. *Reservas extrativistas: uma proposta de desenvolvimento da Floresta Amazônica.* Curitiba: IEA, 1987.
ANDERSON, Anthony et alii. *O destino da floresta: reservas extrativistas e desenvolvimento sustentável na Amazônia.* Rio de Janeiro: Relume-Dumará, 1994.
BENCHIMOL, Samuel. *Amazônia: Um pouco-antes e além-depois.* Manaus: Ed. Gov. do Amazonas, 1977.
BOFF, Leonardo. *Deus e o diabo no inferno verde: quatro meses de convivência com as CEBs do Acre.* Petrópolis: Vozes, 1980.
BOURDIEU, Pierre. *O Poder Simbólico.* São Paulo: Difel, 1992.
BRUNDTLAND, Gros. *O Nosso Futuro Comum.* Rio de Janeiro: FGV, 1991.
CASTRO, Ferreira de. *A selva.* São Paulo: Verbo, 1992.
CAVALCANTI, F. C. Silva. *O processo de ocupação recente de terras do Acre.* Dissertação de Mestrado. Belém: NAEA/UFPA, 1983.
COSTA, Craveiro. *A conquista do deserto ocidental.* São Paulo: Nacional, 1973.
CHAUÍ, Marilena. *Cultura e democracia: O discurso competente e outras falas.* São Paulo: Brasiliense, 1982.
CLAVAL, Paul. *Espaço e poder.* Rio de Janeiro: Zahar editores, 1979.
CUNHA, Euclydes. *A margem da História.* São Paulo: Lello Brasileiro, 1967.
CUNHA, Lucia Helena de O. *Reservas Extrativistas: estudos preliminares* – Relatório Apresentado à Secretaria de Ação Cultural/ Min. da Cultura. Curitiba: IEA, 1988.

CASTORIADIS, Cornelius. *A instituição imaginária da sociedade*. Rio de Janeiro: Paz e Terra, 1982.

COINTE, Paulle. *Exploitation et Culture des Aches e Caoutchouc en Amazonie*. Paris: Societè de Gèographie Commerciale, 1906.

DUARTE, Élio Garcia. *Conflitos pela terra no Acre: a resistência dos seringueiros de Xapuri*. Rio Branco: Série Estudos Básicos/UFAC, 1987.

EVERS, Tilman. "Identidade: A face oculta dos novos movimentos sociais". In *Novos Estudos*. Vol. 2, nº 4, São Paulo: CEBRAP, 1984.

FERNANDES, Josué. *Festa de São Sebastião (Xapuri)*. Rio Branco: Galvez.

FILOCREÃO, A. S. Monteiro. *Extrativismo e Capitalismo*. Dissertação de Mestrado. Campina Grande: UFPB, 1992.

FOUCAULT, Michel. *Microfísica do poder*. Rio de Janeiro: Graal, 1978.

GOYCOCHEA, Castilhos. *O Espírito militar na questão acreana: Plácido de Castro*. Rio de Janeiro, 1973.

GRYZBOWSKY, Cândido. *Caminhos e descaminhos dos movimentos sociais no campo*. Petrópolis: Vozes, 1987.

GONÇALVES, Carlos Walter Porto. *Geo-grafias: Movimientos Sociales, Territorialidad y Sustentabilidad*. Mexico: Siglo XXI, 2000.

_____. *Geografando: nos varadouros do mundo – da territorialidade seringalista a territorialidade seringueira ou do seringal a reserva extrativista*. Tese de Doutorado defendida junto ao Programa de Pós-graduação em Geografia da UFRJ, Rio de Janeiro, 1998.

_____. *Os (des) caminhos do meio ambiente*. São Paulo: Contexto, 1989.

_____. "'Os Limites d' Os Limites do Crescimento". Dissertação de Mestrado. Deptº de Geografia UFRJ, 1985.

_____. *Paixão da terra: ensaios críticos de ecologia e geografia*. Rio de Janeiro: Rocco/Socii, 1984.

_____. *Por uma geografia política da questão ambiental*. Rio de Janeiro, mimeo, 1994.

_____. *Da cidade estado à cidade mundo: alguma coisa está fora da ordem... da nova ordem mundial*. Rio de Janeiro: UFRJ, mimeo, 1994.

_____. *Geografia política e desenvolvimento sustentável*. Rio de Janeiro: UFRJ, mimeo, 1995.

GRAMSCI, Antonio. "A questão meridional". São Paulo: Revista TEMAS, 1974.

GUATARRI, Felix. *Micropolítica: cartografias do desejo*. São Paulo, 1883.

_____. *La Nueva Dimensión del Trabajo*. Madrid, Espanha: Jornal El País, 1987.

GUERRA, Antonio Teixeira. *Textos Geográficos*. Rio de Janeiro: Bertrand, 1995.

HAESBAERT, Rogério C. *O Processo de Des-territorialização e a Produção de Redes, Territórios e Aglomerados*. III Simpósio Nacional de Geografia Urbana. Rio de Janeiro: AGB/CNPq/UFRJ, 1993.

HARDMANN, F. Foot *O Trem Fantasma: A Modernidade na Selva*. São Paulo: Cia das Letras, 1991.
HOPENHAYN, M. *El Debate Postmoderno y la Dimensión Cultural del Desarrollo*. In Fernando Calderón (org.) Imágenes Desconocidas. La Modernidad en la Encrucijada Postmoderna. Buenos Aires: Clacso, 1988.
HARVEY, David. *A condição pós-moderna*. Rio de Janeiro: Loyola, 1992.
LIMA, Claudio de A. *Coronel de barranco*. Rio de Janeiro: Civilização Brasileira, 1970.
LIMA, Esperidião de Queiroz. *11 Anos na Amazônia 1904-1915*. Manaus: Ed. Gov. do Estado do Amazonas, 1977.
LIMA, Mario José. *Capital e Pequena Produção*. Rio Branco: Série Estudos Básicos/ UFAC, 1986.
_____. *Capitalismo e Extrativismo*. Tese de Doutorado em Economia. Campinas: Unicamp, 1994.
LOUREIRO, Antonio. *A Gazeta do Purus*. Manaus: Imprensa Oficial, 1981.
MANDEL, Ernest. *Tratado de Economia Marxista*, 4 vols. Lisboa: Bertrand, 1980.
_____. *Capitalismo Tardio*. São Paulo: Abril Cultural, 1984.
MARTINELLO, Pedro. *A Batalha da Borracha na Segunda Guerra Mundial e Suas Consequências Para o Vale Amazônico*. Rio Branco: Série Estudos Básicos UFAC, 1988.
MEADOWS, Donald et alii. *Os Limites do Crescimento*. Rio de Janeiro: Cultrix, 1978.
MEIRA, Alfredo Arantes. *A Revogação da Lei do Monopólio Estatal da Borracha: Suas Consequências Políticas, Sociais, Econômicas e Ecológicas Para a Amazônia*. Dissertação de Mestrado. Florianópolis: UFSC, 1984.
MEIRA, Sylvio. *A Epopeia do Acre*. Rio de Janeiro: Forense Universitária, 1973.
MEDEIROS, Leonilde Sérvolo. *A Questão da Reforma Agrária no Brasil: 1955-1964*. Dissertação de Mestrado. São Paulo: USP, 1982.
MARX, Karl. *O Capital*, Vol. I. Rio de Janeiro: Civilização Brasileira, 1984.
_____. "O 18 Brumário de Luís Bonaparte". In Marx, Karl – *O 18 Brumário e Cartas a Kugelmann*. Rio de Janeiro: Paz e Terra, 1978.
_____. "Grundrisses". 2 vols. México: Fondo de Cultura, 1974.
MARX e ENGELS, F. *O Manifesto Comunista, 1975*.
MOREIRA, Ruy. *A Geografia Serva Para Desvendar Máscaras Sociais*. In Rev. Encontros Com a Civilização Brasileira, nº 16, Rio de Janeiro, 1980.
MORIN, Edgar. *O Método*. Vols. I, II e III. Mira-Sintra: Europa-América, s/d.
MOURÃO, Nilson Moura Leite. *A Política Educativa das CEBs no Estado do Acre: Popular e Transformadora ou Clerical Conservadora*. Dissertação de Mestrado. São Paulo: PUC, 1988.
NUNES, Juraci Regina Pacheco. *Modernização da Agricultura: Pecuarização e Mudanças: o caso do Alto Purus*. Rio Branco: Tico-Tico, 1991.

OLIVEIRA, Luis Antonio P. O. *O Sertanejo, o Brabo e o Posseiro: a Periferias de Rio Branco*. Dissertação de Mestrado. Belo Horizonte: UFMG, 1982.
PAULA, Elder Andrade. *Seringueiros e Sindicatos*. Dissertação de Mestrado. Itaguaí: CPDA/UFRJ, 1991.
PINTO, Nelson P.A. *A Política da Borracha no Brasil: A Falência da Borracha Vegetal*. São Paulo: Hucitec, 1980.
ORTIZ, Renato. *Cultura e Modernidade*. São Paulo: Brasiliense, 1992.
RAFFESTIN, Claude. *Por Uma Geografia do Poder*. São Paulo: Ática, 1993.
REIS, Artur Cesar. *O Seringal e o Seringueiro*. Rio de Janeiro: Ministério da Agricultura, 1953.
ROMANO, Jorge. "Identidade e Política: Representações e Construção da Identidade Política do Campesinato". In *Relações de Trabalho e Relações de Poder: Mudanças e Permanências*. Fortaleza, 1986.
SACK, Robert David. *Human Territoriality: It's Theory and History*. Cambridge e outros, Cambridge University Press, 1986.
SANTANA, Marcílio. *Os Imperadores do Acre: Uma Análise da Recente Expansão Capitalista na Amazônia*. Dissertação de Mestrado. Brasília: UnB, 1988.
SANTOS, Milton. *O Espaço Dividido: Os Dois Circuitos da Economia Urbanas Países Subdesenvolvidos*. Rio de Janeiro: Francisco Alves, 1979.
_____. *Espaço, Ciência, Técnica*. São Paulo: Hucitec, 1994.
SANTOS, Roberto. *História Econômica da Amazônia*, 1984.
SILVA, Adalberto Ferreira da. *Ocupação Recente das Terras do Acre (Transferência de Capitais e Disputa pela Terra)*. Rio Branco: Ed. Gov. do Estado do Acre, 1986.
SILVA, Marilene Corrêa. *O Paiz do Amazonas*. Dissertação de Mestrado. São Paulo: PUC, 1989.
SOUZA, Marcio. *Galvez, O Imperador do Acre*. Rio de Janeiro: Civilização Brasileira, 1982.
_____. *A Expressão Amazonense. Do Colonialismo ao Neocolonialismo*. São Paulo: Alfa-Omega, 1987.
SOJA, Eduard. *Geografias Pós-Modernas*. São Paulo: Ática, 1993.
TEIXEIRA, Carlos Corrêa. *O Aviamento e o Barracão na Sociedade do Seringal*. Dissertação de Mestrado. São Paulo: USP, 1980.
VASCONCELLOS, Carlos. *Deserdados, Romance da Amazônia*. Rio de Janeiro: Livraria Leite Ribeiro, 1922.
VERÍSSIMO, José. *Estudos Amazônicos*. Belém: UFPA, 1970.
VESENTINI, José William. *A Capital da Geopolítica*. São Paulo: Ática, 1985.
WAGGLEY, Charles. *Uma Comunidade Amazônica: Estudos sobre os Trópicos*. São Paulo: Nacional, 1977.
ZANONI, Mary Helena Allegretti. *Os Seringueiros: Estudo de Caso em um Seringal Nativo*. Dissertação de Mestrado. Brasília: UnB, 1979.

CADASTRE-SE
EM NOSSO SITE,
FIQUE POR DENTRO DAS NOVIDADES
E APROVEITE OS MELHORES DESCONTOS

LIVROS NAS ÁREAS DE:

História | Língua Portuguesa
Educação | Geografia | Comunicação
Relações Internacionais | Ciências Sociais
Formação de professor | Interesse geral

ou
editoracontexto.com.br/newscontexto

Siga a Contexto
nas Redes Sociais:
@editoracontexto